定位决定未来

DINGWEI JUEDING WEILAI

灵魂如果没有确定的目标，就会丧失自己，
因为，俗语说得好，无所不在等于无所在。

我们最可怕的敌人不是怀才不遇，而是我们的踌躇、犹豫。
将自己定位为某一种人，于是，自己便成了那种人。

浩晨·天宇◎编著

中国言实出版社

图书在版 编目(CIP)数据

定位决定未来 / 浩晨·天宇编著. -- 北京 : 中国言实出版社, 2017.1 (2022.9重印)
ISBN 978-7-5171-2201-2

Ⅰ. ①定… Ⅱ. ①浩… Ⅲ. ①人生哲学－通俗读物 Ⅳ. ①B821-49

中国版本图书馆CIP数据核字(2017)第011171号

责任编辑: 胡　明
封面设计: 浩　天

出版发行　中国言实出版社
地　址: 北京市朝阳区北苑路180号加利大厦5号楼105室
邮　编: 100101
编辑部: 北京市海淀区北太平庄路甲1号
邮　编: 100088
电　话: 64924853 (总编室) 64924716 (发行部)
网　址: www.zgyscbs.cn
E-mail: yanshicbs@126.com
经　　销　新华书店
印　　刷　三河市京兰印务有限公司
版　　次　2017年2月第1版　2022年9月第2次印刷
规　　格　787毫米×1092毫米　1/16　印张15
字　　数　200千字
定　　价　39.80元　　ISBN 978-7-5171-2201-2

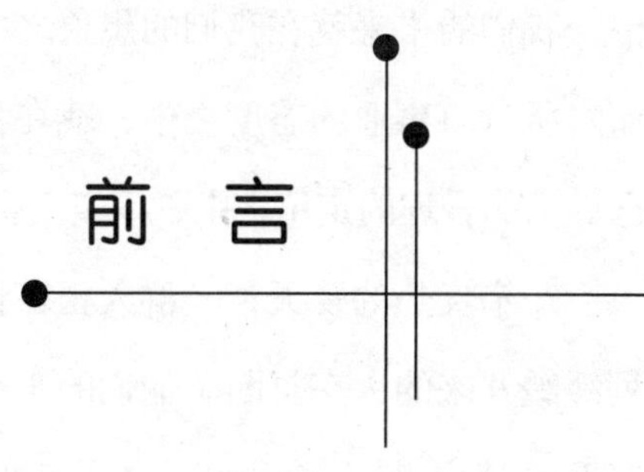

前言

一个不知道自身位置在那里的人，就不会有自己的人生奋斗目标，因此也就不会有任何的成就，因为对于他来说，哪个方向似乎都适合他前往，可实质上，哪个方向他都去不了。这就犹如一艘没有航向的船一样，往哪个方向都会遇到顶头风，只能在原地打转。因此，人生首要做的一件事就是，给自己做出定位，给自己的人生找到方向，清楚自己的目的地在哪里，否则，只会像那艘没有航向的船，最后只能在某个不知名的沙滩上搁浅。

拿破仑曾说过这样的一句名言：不想当将军的士兵不是好士兵。或许，并不是每一个好士兵都能当上将军，但可以肯定的是，只有首先成为一名好士兵，才有成为一名将军的可能，不然只能是痴心妄想。

世界上的很多事就是这样，正如一句广告词里说的那样，如果你知道自己去那里，全世界都会为你让路。有时候我们必须坚信，我们的未来就在我们的想象之中，就在我们基于这样的想象而对所从事事业的态度之中，就在我们在这样的态度之上，对自己做出的合理的定位之中，事实上也确实是这样。

一个炎热的夏天，一群人正在铁路的路基上工作，这时，一列缓缓开来的火车打断了他们的工作。火车停了下来，最后一节车厢的窗户(顺便说一句，这节车厢是特制的并且带有空调)——被人打开了，一个低沉的、友好的声音响了起来："大卫，是你吗？"大卫·安德森——这群人的负责人回答说："是我，吉姆，见到你真高兴。"于是，大卫·安德森和吉姆·墨菲——铁路公司的总裁进行了愉快的交谈。在长达1个多小时的愉快交谈之后，两人热情地握手道别。

大卫·安德森的下属立刻包围住了他，他们对于他是墨菲铁路公司总裁的朋友这一点感到十分震惊。大卫解释说，20多以前他和吉姆·墨菲是在同一天开始为这条铁路工作的。

其中一个人半认真半开玩笑地问大卫，为什么你现在仍在骄阳下工作，而吉姆·墨菲却成了总裁。大卫非常惆怅地回答："那时我为1小时1.75美元的薪水而工作，而吉姆·墨菲却是为这条铁路而工作。"

道理就是这样简单，一个人有什么样的定位，就会有什么样的人生。那些成功人士之所以会成功，也只在于他们为自己做出了一个正确且合理的定位。因此，如果目前你志在成功却感到迷茫，那么，首先为自己做出一个合理的定位吧！成功的基础在于定位，就像高楼大厦的基础在于地基一样。

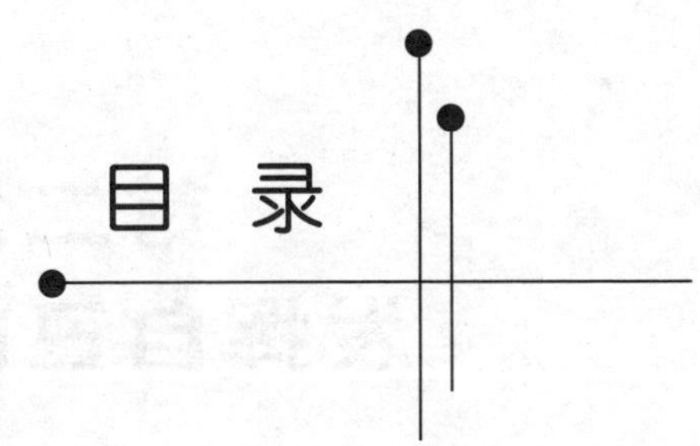

目录

第一章 找准自己的位置

找准自己的位置……………………………………………… 3
潜能激发：给自己定位……………………………………… 6
明白自己的特长……………………………………………… 9
潜能激发：自身潜能的力量…………………………………13
不要低估自己…………………………………………………17
潜能激发：你最想做什么……………………………………22
确定你的目标…………………………………………………25
潜能激发：抓紧每一个机遇…………………………………29

第二章 发挥自己的价值

体现自我的价值……35
潜能激发：充分发挥自己的优势……38
我们为何无所适从……41
潜能激发：做好定位才有价值……45
别被不同的价值观影响……49
潜能激发：清醒地认识自己……52
选择好自己的职业……56
潜能激发：找准现阶段的合适位置……59

第三章
不断调整自己，审视自己

认清自身的能力……………………………………………………65
潜能激发：放下你的消极意识……………………………………71
合理安排你的时间…………………………………………………76
潜能激发：专心做好每件事………………………………………80
毅力和恒心有没有…………………………………………………83
潜能激发：在思考中获得成长……………………………………87
怀有热忱地工作……………………………………………………90
潜能激发：勇气足够吗……………………………………………94
用策略创造未来……………………………………………………96
潜能激发：改变对自己的态度……………………………………98

第四章
平衡自己的内心

态度决定命运…………………………………………………… 107
潜能激发：克服心理障碍………………………………………… 110
塑造成功的态度…………………………………………………… 113
潜能激发：拥有积极的心态……………………………………… 116
态度不同命运就不同……………………………………………… 119
潜能激发：做命运的主人………………………………………… 122
心态决定未来……………………………………………………… 126
潜能激发：保持一颗平常心……………………………………… 130
杜绝侥幸心理……………………………………………………… 133
潜能激发：梦想要现实…………………………………………… 137

第五章
做出正确的选择

你绝不是别无选择…………………………………………………… 143
潜能激发：选择如何面对人生………………………………… 146
要么抉择，要么放弃…………………………………………… 148
潜能激发：选择决定成败……………………………………… 151
选择伴随人生…………………………………………………… 154
潜能激发：把选择授权给自己………………………………… 157
选择的意义与方法……………………………………………… 159
潜能激发：选择造就幸福人生………………………………… 161

第六章
让自己不可替代

别失去位置…………………………………………………… 167
潜能激发：位置存在的必要性……………………………… 170
明白自己与位置的关系……………………………………… 174
潜能激发：认识自己所处位置的价值……………………… 177
让自己不可替代……………………………………………… 182
潜能激发：长期保持自己的位置…………………………… 185
最大化位置的效能…………………………………………… 188
潜能激发：巩固自己的位置………………………………… 191

第七章
不断提升自己

提升自己的位置…………………………………………………… 195
潜能激发：学会自律……………………………………………… 199
工作不能有情绪…………………………………………………… 202
潜能激发：工作要有责任………………………………………… 206
行动比什么都重要………………………………………………… 209
潜能激发：热爱才会做得更好…………………………………… 213
及时修正自己的定位……………………………………………… 216
潜能激发：重新开始也并非坏事………………………………… 219

第一章 找准自己的位置

其实，使人感到疲惫的，并非路途有多么遥远，而是不确定顺着这条路走下去是否能到达自己想要去的目的地，害怕自己所有的努力和付出都只是徒劳无功。因此，对于每一个人来说，第一件要做的事就是去找到属于自己的位置。

找准自己的位置

笛福曾说："对于盲目的船来说，所有方向的风都是逆风。"确实如此，在现实生活中，之所以会有很多人总是在四处碰壁，总是在经受挫折和打击，就是因为他们太过于盲目了，以至于在走了很多弯路之后，仍旧是一事无成。

这或许也是很多人的悲哀，他们总是很迷茫，不知道自己该站在一个什么样的位置上，尽管他们也一直很努力地往前走着。其实，要想使自己不再走弯路，使自己不再做那些徒劳无功的事，就应该为自己做出一个合理而正确的定位，找到真正属于自己的位置。

南唐后主李煜是个才华横溢的诗人，他的很多诗篇脍炙人口，流传至今。但他在政治上却是软弱的、无能的，以致国亡家破，沦为别人的阶下囚。我们可以说，作为诗人，他是成功的，但作为君主，他是失败的。定位错误，必然带来人生的失败。

许多人之所以在事业的起步阶段一直没有成功，并非因为他们本身没有才华，而是由于没有找到适合自己扮演的社会角色。一旦找到之后，他们便能迅速走向成功。

美国女影星霍利·亨特一度竭力避免被定位为矮小精悍的女人，结果走了一段弯路。后来，在其经纪人的帮助下，根据自己身材娇小、个性鲜明、演技极富弹性的特点，对自己进行了正确的定位。她在出演了《钢琴课》等影片后，一举夺得戛纳电影节的“金棕榈奖”和好莱坞的“奥斯卡大奖”。

或许，导致我们无法成功的原因有很多，但这些都比不上对自己没有一个合理的定位造成的后果严重。没有一个正确的定位，就不能给自己一个正确的方向，结果只能使我们不是在原地打转，就是离成功越来越远。

撒哈拉沙漠中有一个小村庄叫比塞尔。它靠在一块15平方千米的绿洲旁，从这儿走出沙漠一般只需3昼夜的时间，但是在英国皇家学院的院士肯·莱文1926年发现它之前，这里从来没有一个人能走出这片沙漠。据说不是他们不想离开这块地方，而是根本没有人可以走出这里。

肯·莱文用手语同当地人交谈，结果每个人的回答都是一样的：从这儿无论向哪个方向走，最后都会回到原地。为了弄清原因，他做了一次实验，从比塞尔村向北走，结果3天半就走了出来。可为什么比塞尔人就走不出去呢？他感到很奇怪，于是就雇了一个比塞尔人，让他带路。他们准备了能用半个月的水，牵上骆驼，肯·莱文收起指南针，只拿着一根木棍跟在后面。10天过去了，他们走了大约800英里的路，第11天早上，一块绿洲出现在眼前，他们果真又回到了比塞尔村。这下肯·莱文明白了比塞尔人走不出去的真正原因：他们不认识北极星。

人生方向有误，就像航船偏离了方向，走得越远，离目的地也就越远。笛福曾说过这样的话："对于盲目的船来说，所有方向的风都是逆风。"生活中之所以会有许多人遭受到太多的失败和挫折，正是因为他们没能找准自己的人生方向和定位，结果走了不少的弯路，有的甚至忙碌一生，到头来仍旧是一事无成。

美国著名的成功学大师拿破仑·希尔指出："新生活是从选定方向开始的。"要选择好自己的航行方向。如果你所选择的方向错了，不但会浪费你的时间，还会使你的人生感到迷茫，所以在对自己定位时，应该量力而行，紧紧地把握住自己的方向，并努力去追寻。

人这一生，只有站在属于自己的位置上，才能有所作为，有所成就，不然，即便你是匹千里马，也只能拉着一辆沉重的炭车爬行在太行山的路上。

潜能激发：给自己定位

如果要问人生中最痛苦的事是什么，或许不同的人会有不同的回答。对于一个向往爱情的人来说，错失最爱的人无疑是他一生中最大的痛苦；对于一个追求真理的人来说，放弃自己的信仰无疑最令他痛苦……而对于一个志在成功的人来说，没有给自己做出一个正确而合理的定位，无疑是他最大的痛苦。因为如果没有一个合理定位的话，很可能就代表所付出的努力和奋斗都只能是付著东流。

一个人要想拥有一个理想的人生，就必须站在属于自己的位置上，才有可能有所成就。因为只有有了对自我的正确定位，才能确定自己前进的方向和最终到达的地方，然后经过一系列不懈的努力，将其实现。对于一个不知如何给自己做出准确定位的人来说，尽管他也像别人一样每天忙忙碌碌的，可却总是像没头苍蝇似的到处乱撞。

或许有些人会这样说，其实我们也愿意为了自己的目标而付出，可问题是，我们并不知道自己的目标在哪里呀？确实，就像一个背起行囊准备去旅行的人，走出门口却不知道自己该到哪里去旅行，的确够伤脑筋的。不难看出，对于我们每一个人来说，决定是否能有所作为的关键，就在于能否为自己找到一个准确的位置。那么，该如何为自己做出一个正确而合理的定位呢？该如何去寻找属于自己的终生事业呢？

在给自己做出定位之前，我们必须要考虑这样一个问题：你要明白自己真正想要的是什么，要成为一个什么样的人？是要做一位教师还是让自己成为企业家，或是艺术家、演说家、厨师……时常在内心里问问自己："五年前我到底要什么？"如果五年前你对于想要的东西如水晶般剔透，很可能你现在已经拥有这些了；"五年后我要成为什么样子？"如果你也明确而清晰地知道，那你一定可以在五年之后拥有这些。

想清楚这些之后，你就可以从以下几个方面给自己做出定位了：

第一，分析自己的长处短处、优势劣势；

第二，列出自己最擅长的方面；

第三，列出自己最喜欢的方面；

第四，列出自己最引以为荣的一些个人品质；

第五，列出自己最重要的收入来源；

第六，自己能够承受收入在多大范围内的变化；

第七，列出自己希望在生活上的变化；

第八，列出自己一直有心去做，却还没有去做的事情。

人这一生中，不可能什么都能够得到。因此在给自己定位的时候，必须要弄清自己真正的需要而抛开那些可做可不做的，认真地考虑好你一生中真正非做不可的那件事，让自己所付出的热情和努力都有助于做好那件非做不可的事情。一个人的精力和能力毕竟是有限的，给自己做出定位，就是为了能让我们把所有的精力和能力都放在自己最擅长的领域和事情上。因此，如果我们能够给自己一个合理的定位，我们就能够让自己的能力发挥到最大限度，我们就可能实现自己的理想。或许，并不是每个人都能成为政治领袖或商界精英，但是只要我们站在了真正属于自己的位置上，才能走得更远，才能使自己的人生圆满。

明白自己的特长

兵法上讲究要以己之长攻敌之短，同样的道理，每个人也只有发挥自己最有特长的某个方面，才有可能超越别人，取得不凡的成绩。这就好比一名百米短跑冠军，让他去跑马拉松，十有八九不能取得像跑百米那样的好成绩；让一名马拉松健将去跑百米，很可能会变得不堪一击。道理就是这样，上天从不会把一个人造得完美无缺，一个很优秀的人，也有缺失的方面；一个很失败的人，也有最突出的地方，只是他自己不知道自己最擅长的是什么而已。因此，想要给自己做出正确而合理的定位，就要明白自己的特长。

“每个人都有自己的长处和短处，成功的人总是善于放大自己的长处。”阿特密斯·沃德说，“有的人擅长这一行，有的人擅长那一行。还有一些人整天游来荡去，他们擅长的就是无所事事。”

沃德有两次曾想试图去做自己最不擅长的事情。第一次就是他想狠狠地揍一顿那个割烂他的帐篷爬进来的可恶家伙。他说：“好样的，先生，请你出去。否则，我就让你瞧瞧我的厉害。”

那个可恶的家伙不但没有出去，反而对他说：“好啊，来吧，你这个孬种！”

在得到这样的“回敬”后，怒气冲冲的沃德向他扑过去，结果是他不但没有揍着那个人，却被那个人使劲地抓着头从帐篷里摔到外面的草地上。接着那人开始揍他，一直把他扔到臭水沟里为止。沃德站起来看着自己被撕破的衣服，知道打架不是自己的强项。

发生在沃德身上的另一件事是他以为自己可以玩马戏。于是，他搭便车到了一个马戏团。一次驯马，他站的位置后面有两三匹马，前面有一匹。但是，站在那个位置之后那些马开始踢他，并且不停地叫唤，四蹄扬起动个不停，一点也不听话。结果，他的肚子和后背重重地挨了好几下，又一下被踢到其他马群里，疼得他禁不住像科西嘉的野人一样大喊大叫起来。他被人拉起来，背回了旅馆。他头上扎着绷带，用虚弱的声音对自己说：“小子，你看来并不擅长驾驭那些马。”

从沃德的经历来看，我们千万不要做自己不擅长的事，我们要知道当自己不在这方面擅长时，就可能在别的方面擅长，只要我们能够找到自己擅长的地方，不断地去发挥它，那么，成功离我们就不会太远了。

一个人，由于主观和客观因素的局限性，决定了任何人只能了解、熟悉和精通某一领域的知识或技能。因此人在知识和技能方面的特长具有明显的领域性特征。一个人不管他在知识和技能上发展得多么突出，成长得多么卓越，也只能在他所适应的领域具备特长，一旦离开他所适应的领域来到不适应的领域，这些知识或技能上的特长就可能不会显示出优势。另外我们还要看到，不论一个人如何优秀，在他优秀的一面都会有与之相应的缺点，如果你屈服于它，它将会像暴君一样统治你。因此，要想使自己在优秀之上更上一层楼，就要像那些因你的缺点而责备你的人那样去注意它。

在这个世界上还有这样一种人，他们似乎没有什么明显的缺点，做起事情来也四平八稳，可很少有人会发现，正是由于这些人似乎没有什么明显的缺点，其实是他们最大的缺点。正如前些年在教育界提出“全才即庸才”的观点一样，没有明显的缺点也就不会有明显的优点，这样的人生无疑是最可悲的。

人生中的很多悲剧，就是因为那些制造悲剧的人不了解自身的优点，更不知道别人的缺点所致。这就是为什么在《孙子兵法》里一再强调，只有知己知彼才能百战不殆的原因。

一只掉队的野鹿不安地四处张望着。一只老虎发现了这只野鹿，它已经饿了一天了，于是借着草丛的掩护，潜行到野鹿后面。野鹿还没有发现，老虎突然像子弹般地射出去，冲向那只野鹿，野鹿这时才知道危险已经到来，本能地躲闪着老虎的攻击。

老虎第一次扑了个空，转身再度扑来，野鹿拔腿狂奔，闪进一处灌木丛里。在灌木丛里追逐猎物可不是老虎所长，它在外面搜寻了一会儿，低吼几声，蹒跚地回到原来的土丘上。

老虎之所以没能捕到那只掉了队的野鹿，就是因为它没能扬长避短，而让野鹿跑到了灌木丛里，最后自己只好继续饿着肚子回到原来的土丘上。其实，在人类社会这个丛林中，如果知道自己何者为强，何者为弱，别人何者为强，何者为弱，并巧妙地避免以己之弱去面对他人之强，积极地以己之强去面对别人之弱；如果还能灵活地运用第三者与他人的强弱关系，来弥补自己的“弱”，或避免自己遭到别人“强”的侵犯，那么你就已经是一个“强者”了。

要知道，世界上没有十全十美的事情，也没有十全十美的人，人人都有缺陷，都有不足，但也都有优点，都有特长，做人重要的是发挥自己的特长，避开自己的弱点，只有这样，才能使自己在这个竞争激烈的社会中获得发展的空间。

潜能激发：自身潜能的力量

一个人成就的大小是与他精神的成长、思想的格局成正比的，行为是受思想控制和指导的。有什么样的思想就有什么样的行为，有什么样的行为就有什么样的人生际遇。

脑力激荡的创始人亚力士·奥斯本认为，开动人的脑力可以获得无穷的智慧，他就是这样一个革命性的思考者，思考变成了他的嗜好，他相信每个人都具有创造力，而且可以由学习变得更有创意。

一个人到底有多大的潜能呢？美国心理学家威廉认为，通常，人们实际上只发挥出了其能力的10%，还有90%的能力可以发掘。美国学者米德则指出：人们只使出了6%的个人能力，还有94%的潜能有待发掘。苏联学者伊凡则说："如果我们迫使头脑开足一半马力，我们就会毫不费力地学会40种语言，把苏联百科全书从头到尾背下来，完成几十个大学的必修课程。"

由此可见，自然赋予我们人类的潜力是多么的无穷。可惜的是，大部分人却并没有加以充分利用，甚至有的人与其说是利用，不如说是根本就没用，他们成天浑浑噩噩，把自己的潜能丢在了似流水般逝去的时光中而不觉醒。

有一个叫卡萨尔斯的老人，他已经90多岁了，在这个年龄，他看上去非常衰老了，还有各种疾病在折磨着他，尤其是那令人疼痛难忍的关节炎更是折磨得他连穿衣服的能力都没有，每天早晨和晚上都需要有人帮助才能完成。

但是，就在一天早餐前，他走近了他最擅长弹奏的钢琴。尽管他走起路来颤颤巍巍，头不时地往前颠，是费了很大的劲才坐上钢琴凳，颤抖地把弯曲肿胀的手指抬到琴键上。

神奇的事发生了。卡萨尔斯突然完全变了个人似的，透出飞扬的神采，身体也跟着开始动作并弹奏起来，仿佛是一位健康、有力、敏捷的钢琴家。

他那有些肿胀、十根像鹰爪般弯曲着的手指也缓缓地舒展开来，并移向琴键，好像迎向阳光的树枝嫩芽，他的脊背直挺挺的，呼吸也似乎顺畅起来。是弹奏钢琴的念头，完完全全地激发了潜藏于身体内的能力。

当他弹奏钢琴曲时，是那么的纯熟灵巧、丝丝入扣；当他奏起勃拉姆斯的协奏曲时，手指在琴键上像游鱼般轻快地滑动。

他整个身子像被音乐溶化，不再僵直和佝偻，代之以柔软和优雅，不再为关节炎所苦。在他演奏完毕，离座而起时，跟他当初就座时全然不同。他站得更挺拔，看起来更高大，走起路来也不再拖着地。他飞快地走向餐桌，大口地吃着，然后走出家门，漫步在海滩的清风中……

这个故事曾经影响了成千上万的读者。人们不仅赞叹在卡萨尔斯身上焕发出来的那种神奇，更难以相信一个人内心的潜力居然有这么巨大，可以让一个垂垂老矣的人变得像个年轻人那样有活力。可以说，正是由于卡萨尔斯热爱音乐和艺术，不仅曾使他的人生美丽、高贵，并且现今仍每日带给他神奇。就因为他相信音乐的神奇力量，他的改变让人匪夷所思，音乐激发了他心中的潜力，他从一个疲惫的老人转化成一个活泼的精灵。

可以说，只要我们能够充分认识自我，我们就能把存在我们内心深处的潜在才能激发出来，并能利用生命中最优良的素质，去实现自己的目标和理想。

潜能是一种对外界刺激感应很敏锐的东西，它一旦被唤醒，仍需要不断地引导和鼓励，诚如有音乐、艺术天赋的人必须注意培养和坚持一样。否则，潜能和才能，会像鲜花一样，枯萎或凋零在默默无闻之中。

每个人的自身都是一座宝藏，都蕴藏着大自然赐予的巨大潜能，只是由于没有进行各种潜能训练，使得我们没有机会将内在的潜能淋漓尽致地发挥出来而已。在我们身上没有得到开发的潜能，就犹如一位熟睡的巨人，一旦受到激发，便能发挥“点石成金”的力量。

班·费德雯是保险销售史上的一位传奇人物。在这个专业化导向的行业里，连续数年达到十万美元的业绩，便能成为众人追求的、卓越超群的百万圆桌协会会员，而费德雯却做到近五十年平均每年销售额达到近三百万美元的业绩；另外，他的单件保单销售曾做到二千五百万美元，一个年度的业绩超过一亿美元。他一生中售出数十亿美元的保单，比全美80%的保险公司销售总额还高。

放眼寿险史上，没有任何一位业务员能赶上他。而他的一切，仅是在他家方圆四十里内，一个人口只有一万七千人的东利物浦小镇中创造出来的。对此他说：“我的成功就在于对成功怀有强烈的企图心。对自己的生活方式与工作方式完全满意的人已陷入常规，假如他们没有鞭策力，没有强烈企图成功的心，或使自己变成更好的人的愿望，那么他们便只能在原地踏步，原地踏步就等于退步。”

费德雯用自己的企图心挖掘出了自身的潜力，让自己取得了非同寻常的成绩。其实，挖掘自身潜力的方法不止一种，做事勤奋也同样可以使自己的潜力得到最大限度的利用。在爱因斯坦死后，有关科学家对他的大脑进行了科学研究，发现他的大脑无论是从体积、重量、构造或细胞组织上，都与同龄的其他任何人无异，并没有任何特殊性。那么，是什么使他成为一位科学巨匠的呢？他曾说过的话或许正好说明了这一点："我的成功就在于超越平常人的勤奋和努力，以及为科学事业忘我牺牲的精神。"

不要低估自己

富兰克林曾说过这样一句话："如果你对自己没有一个正确的定位，即使是宝贝，放错了地方也是一堆废物。"确实是这样，很多人之所以一生只能在碌碌无为中度过，很大程度上就是因为给自己做出了错误的定位，把自己放在了废物堆里，使自己也成了废物。

我们知道，人是由来自父亲的23个染色体和来自母亲的23个染色体偶然结合而成。每一个染色体有几百万个基因，任何一个基因变了，你人也就变了。也就是说，这个世界上诞生你的概率只有300万亿分之一；假设你有300万亿个兄弟姐妹，那么你还是你，总有地方与他们不同。

难道这不是很神奇的一件事吗？300万亿分之一的概率，居然产生了你，产生了我，这本身就是一个巨大的奇迹！更何况还没有将父亲如何恰好认识母亲的概率算上去。所以，我们没有理由不爱惜自己。我们每个人都是太阳下面的一个新生事物，我们应该呼吸一份属于自己的氧气，占有一份属于自己的空间，充分相信自己。

再从精子和卵子的结合来说，在3000万至2亿个精子中最终只有一个能够在同行竞争者中脱颖而出，冲破重重阻挠，继而与卵子结合——你能想象千军万马过独木桥的情景吗？精子的奋斗历程就是这样的。而你，就是这样经过千辛万苦、激烈竞争、奋斗最终获得胜利的唯一一个精子与卵子结合的产物！难道你不觉得自己是非常珍贵的吗？难道你不觉得自己的前身是无比英勇无敌的吗？！

然而奇怪的是，我们大多数人都认识不到这一点。有人曾做过一个有趣的问卷调查，其中有一个问题是：你最喜欢做谁？结果绝大多数人都填马云、托尔斯泰、李嘉诚之类的名人，居然没有一个人填自己。马云、托尔斯泰、李嘉诚之类的名人有他们的伟大之处，但你也有你的伟大之处，此时此刻你身上正有着许多别人希望得到的东西。何况你要做托尔斯泰、李嘉诚之类的名人，你永远也做不了，正如他们也做不了你一样！你能，而且只能做你自己。你也要坚信：你一定能做好自己。

这就是说，一个人要想拥有一个理想的人生，就必须先站到属于自己的位置上去，然后才能确定前进的方向和目的地，最后经过不懈的努力，将其实现。为了把我们对未来的想象变成现实，我们必须仔细地思考以下这些问题：自己想做什么？想过怎样的生活？自己和别人、社会将保持怎样的一种优势关系？在哪一种状态之中自己会感到最满意？其实，换成另一种说法就是，如何给我们自己一个准确、合理的定位。

也许对很多人来说，改变自我是一种极大的痛苦和折磨，但是对那些决心要改变自身劣势的人来说，改变自我却是一种乐趣和幸福，因为他们是在为自己负责。

达兰特是通用汽车帝国的创始人，也是半个世纪前美国企业界的巨人。他不同寻常的成功取决于两个转折点，运气在两个转折点都发挥了重要作用。

第一个转折点出现在汽车工业问世前，那时他还年轻，既没有工作，也没有钱，但他深信自己生来就是优秀的推销员。他需要一份工作，一份推销好产品的工作，只要人们肯出钱购买，什么产品都行。有一天，他前往密歇根州的一座小镇，与附近一家银行的经理洽谈找工作的事，没想到他想得到的职位已被别人捷足先登了。他非常沮丧，垂头丧气地走向火车站。就在这时，他看到一辆四轮车驶了过来，司机让他搭了便车。达兰特对这辆车品头论足，说他从来没有见过这种车。车子非常轻，也很结实，很容易驾驶，设计合理，车身平滑时髦。司机告诉他这种车是本地制造的。达兰特立刻想到这是一种很有销路的产品。于是，他没有前往火车站，而是立即前往车厂。

车厂是一座摇摇欲坠、破败不堪的楼房，楼前挂着一块牌子，上面写着“待售“二字。达兰特找到了厂主，厂主很冷淡，告诉达兰特他不需要推销员，只想把厂房卖掉，因为生意太难做。他还告诉达兰特，他为这种车做过广告，但是一点儿作用都没有。达兰特看了一下广告，发现广告设计得一点儿吸引力都没有。此时，他觉得只要采取明智的促销办法，这种车是有销路的。他虽然没有资本，但是有一种非常重要的资产——一个三寸不烂之舌。他与厂主谈了一个钟头，厂主同意给他一份工厂期权和生产这种车的权力。达兰特辨别出符合自己能力的机会，对自己的能力做出了正确的评价，决定大干一场。

一位名叫多特的富翁同意与达兰特合伙经营这家工厂。他们接管了工厂，很快就把它变成赢利颇丰的企业，达兰特被聘为首席销售经理。后来，随着汽车工业的发展，达兰特自然步入了这一新领域。他有出色的推销能力，得到了丰厚回报。没过多久，他就成为汽车产业的领军人物和大富豪。在组建通用汽车公司时发挥了主导作用，成为通用汽车公司的首任总裁。

在此之前，达兰特的主要精力放在宣传、营销和销售管理上。现在，他担任了新职务，发现自己陷入令人眩晕、令人激动的财务管理工作中，必须与大量债券和股票打交道，面临着许多不可预测的机会——在投机盛行的股票市场上，不论是赔还是赚，都以百万元计。到了这一阶段，达兰特的事业急转直下。据他的熟人说，达兰特在气质上不适合处理复杂的财务问题，也不适合管理股票，更无法把握华尔街股票市场的价格变动。机遇对他的要求过高，他已没有能力应付这类问题。他不知道怎样处理股价的涨跌，在市场处于跌势时，他被迫卖出大量股票，最后不得不从通用汽车公司总裁的职位上败下阵来。

后来，华尔街的一位老朋友为他制订了一份计划，要他夺回公司的控制权。对达兰特来说，这次机会非常难得。但是，他再次错误地估计了自己的能力，把剩余的财产一次性赔光。失败的悲剧像鬼影一样纠缠着他，直到他去世。

达兰特的幸与不幸的背后，能力起着潜在的作用。幸运就是做对事情，做适合自己能力的事情。人生的乐趣存在于一切日常生活之中，存在于一切为了成大事而采取的对自我劣势的改造之中。

但是，我们之中有几个人能够自信地说：改变自己是一件多么简单的事啊！对于我来说，改变自我的过程也是一种快乐。这是一个看似简单的问题，可是又有谁能做出肯定而轻松的回答呢？也许我们身边的人都在考虑如何过上幸福的优质生活，可谁能告诉我们什么样的生活才是优质生活？这些问题需要我们用很长一段时间才能给出答案，如果在今后的日子里，我们对这些问题没有一个清楚的认识，我们今天也不会有任何的行动，生活将变得空虚，也就无法过上充实和富有意义的生活。

一个想要摆脱生存困境、改变自己生存劣势的人，在人生定位这个问题上必须要有准确的判断，只有在自己最喜欢的领域里淋漓尽致地发挥优势，才能营造成功的人生；否则，入错了行，你就会在很多人面前处于下风，处处感觉到自己处于劣势地位。也就是说，要想成大事，必须不能自己看轻自己，只有在给自己做出一个明确的定位之后，才能找到属于自己的方向和前途。

潜能激发：你最想做什么

人都应该具有在这个世界上发现真正自我的权利。例如，你多年来经营着杂货店，但真正想从事的却是音乐。试着改变方向又如何呢？或者你现在从事音乐方面的工作，但心里却想着经营杂货店，记住，你有实现梦想和发现自我的权利。

圆满的人生就是内心深处没有留下任何缺憾的人生。在你心中产生的那些梦想，你必须加以珍惜，并对那样的梦想负起自己的责任。

在我们的人生历程中，每个人都应该知道自己该去做些什么，尤其是在我们追寻自己的事业发展时，更要明白自己该如何看待这项事业。你该看它对生活整体品质所带来的结果：你住哪儿，与朋友相处的时间多少，你从工作中真正获得的满足感，以及你的税后收入是否能维持你想要的生活。

其实，你可以有别的选择。目前的事业也许适合你，你把它当作一个基准。但是请发挥创意想一想，你是不是真的不喜欢另一种专业，另一种生活方式。请针对你目前和未来的生活，提出几个不同的方案。在这样想象时，请记得一个前提：工作和生活不冲突。

可以说，我们生活中的许多事都是一件工作。尤其是现在，休闲工业已是一种主要经济活动，工作更是有各种可能性。你的工作可以是与个人喜好有关的，也可以将喜好转为一种事业，因为这样会给你的事业带来热情，你也会因此获得工作中的快乐与成功。

不论你做什么工作，都要明白自己最终应达到什么目标，并且是在整体生活中思考。说来简单，但人的旧习难改，对于事业的传统想法，很快就会削减对生活的热情。举例来说，1983年，我与两位同事共同创业，经营了一家管理顾问公司。我们很清楚，为前任老板工作时，我们的工作时间极长，而且必须经常出差，这对生活造成了负面影响。

如果你发现自己身陷一个前景暗淡的处境时，通常会怎么办呢？也许你会更加努力，想用更长的时间、更多的精力来加以扭转。或许你认为，只要一刻不停地拼命工作，把工作做得比别人好，名望和财富就自然会来到自己身边。

这是真实的答案吗？不是，只有知道自己最喜欢什么和最擅长什么，你才能有一个合理的选择。如果选择了一条不适合自己的道路，走上了一个不适合自己的岗位，虽然努力地工作却很难走向成功之路，只有干得更加聪明才是更好的办法。

我们知道，一个人的发展在某种程度上取决于对自己的正确定位。你在心目中把自己定位成什么样的人，你就会是什么样的人。因为定位能决定人生，定位能改变人生。

对一个组织来说，进行详细的职务设计是绝对必要的，只有让每个人知道自己该做什么，才能避免迷失方向，陷入泥潭。

在各种各样的职责中，有些职责以团队的方式履行可以取得很好的效果；而有些职责，让个人单独去履行效果则会更好。那么我们如何才能找到自己的位置呢？

为了进行准确的定位，找准最佳的结合点，心理学家帮我们找到了很多的测试工具。一些知名企业在招聘员工时，也要对求职者做一番个性测试。因为我们知道，必须把个性不同的人放在最合适的岗位上，才能发挥出最大的潜能。

确定你的目标

人生在世，若没有正确而合理的定位，就不会有远大的目标，也就不可能取得任何大的成就，就像只想去东北铁岭的人肯定不会路过北极一样。因此说，一个人要想取得辉煌的成就，就必须给自己一个好的定位，清楚地认识到自己该走哪个方向，而不是任意的一个方向，更不是所有的方向。同样，目标也只能有一个，目标多了也就等于没有目标。

人的一生，目标对于自我的定位，就像空气对于生命一样重要。目标不但是你追求理想的最终结果，而且它在你整个的人生旅途中起着非常重要的作用。

一般而言，目标在人生中起两方面的作用：一方面，它是你的奋斗依据；另一方面，它还是你不断进取的动力源泉。

心理学家曾做过一个实验：把一只跳蚤放进一个没盖的杯中，跳蚤一下就能从杯中跳出来。然后，心理学家在杯上盖了一个透明盖，这时跳蚤仍然往上跳，每一次都碰到盖上，碰了几次后，碰疼了，就再也不跳那么高了。这时心理学家将杯盖拿走，却发现那只跳蚤已经永远不能跳出这杯子了，因为它将目标定到了不及盖的高度。

对于我们的人生定位——确定目标，不也正是这个道理吗？正是因为我们有了这个目标，于是我们就会为了实现这个目标而发挥更大的心力，一种克服劣势而发挥优势的状态便可悄然显现。在将劣势变为优势的过程中，人生的乐趣与韵味得以真实显现，于是便给生活增添了更多的活力与激情。

有一次，一个青年苦恼地对昆虫学家法布尔说："我不知疲劳地把自己的全部精力都花在了我爱好的事业上，结果却收效甚微。"

法布尔赞许地说："看来你是一位献身科学的有志青年。"

这位青年说："是啊，我爱科学，可我也爱文学，对音乐和美术我也很感兴趣。我把时间全都用上了。"

听完这句话，法布尔从口袋里掏出一个放大镜递给他，说："把你的精力集中到一个点上试试，就像这个凸透镜一样！"

一个人的精力总是有限的，一味贪多、求广，肯定会分散精力，一事无成。天底下只有人才，没有全才，所以我们不必要求自己在各个方面都很出色，只有认准一个目标，然后集中全部的心志和精力，才能获得成功。

水滴之所以可以穿石，就是因为它总是落在同一个地方。

作家西奥多·瑞瑟曾问爱迪生："成功的第一要素是什么？"爱迪生说："能够将你的身体与心智的能量锲而不舍地运用在同一个问题上而不会感到厌倦的能力……每个人整天都在做事，假如你早上7点起床，晚上11点睡觉，你做事就做了整整16个小时。对大多数人而言，他们肯定是一直在做一些事，唯一的问题是，他们做很多事，而我只做一件。假如他们将这些时间运用在一个方向、一个目的上，他们就会成功。”

歌德曾这样告诫他的学生：“一个人不能骑两匹马，骑上这匹，就要丢掉那匹，聪明人会把凡是分散精力的要求置之度外，只专心致志地去学一门，而且学一门就一定会把它学好。”人的时间精力是有限的，不可能什么都学，什么都精。而专攻一点，则能给一个人的成功提供极大的可能性。

春秋时期，楚国有个擅长射箭的人叫养叔，他能在百步外射中树枝上的叶子，并且百发百中。楚王羡慕养叔的射箭本领，就请养叔来教他射箭，养叔便把射箭的技艺倾囊相授。

楚王兴致勃勃地练习了好一阵子，渐渐能得心应手了，就邀请养叔跟他一起到野外去打猎。打猎开始了，楚王叫人把躲在芦苇丛里的野鸭子赶出来。野鸭子被惊扰得振翅飞出，楚王弯弓搭箭，正要射时，猛然从他的左边跳出一只山羊。

楚王心想，一箭射死山羊可比一箭射中一只鸭子划算多了！于是又把箭对准了山羊。可此时，旁边又跳出一只梅花鹿，楚王觉得射梅花鹿更好，于是便放弃了山羊，他刚想拉弓，谁知林中又飞出一只苍鹰。

楚王觉得还是射苍鹰好。可是当他刚要瞄准苍鹰时，苍鹰已迅速地飞走了。楚王只好回头去找梅花鹿，可是梅花鹿已逃走了。再回头找山羊，山羊早就溜掉了。楚王拿着弓箭比画了半天，结果什么也没有射着。

养叔在一旁看得真切，便对楚王说：“要想射得准，就必须有专一的目标，不应三心二意。在百步以外放十片杨叶，要是我将注意力集中在一片杨叶上，我能射十次中十次；要是我拿不定主意，十片都想射，就没有把握能射中了。”

是啊，如果一个人不把他的全部心思用在一件事情上，他就不可能有什么大的成就。如果我们能确定好自己的目标而不是三心二意，那么我们成功的机会将会大大提高。反之如果我们用心不专，左右摇摆，那么注定会遭受失败。

潜能激发：抓紧每一个机遇

如果说机遇对每个人都是一样的，为什么别人能轻松地抓住，而你却抓不到。究其原因是你没有充分地做好准备，从而导致感觉或直觉比较麻木。而那些已经做好准备的人会持续不断地提高自己的素质，让自己变得越来越敏锐。

马克·吐温曾经用自己的经历证明缺乏必要能力，对机遇做出错误的判断，会引起许多麻烦。他看到一份研制新机器的方案，注意力高度集中，热情高涨，同意出资该计划的实施。结果，他像把自己想象成商人的艺术家一样，虽然抓住了机会，但不具备相应的能力，于是招来厄运，大大地赔了一笔钱。

一个人对机遇的要求和隐含的危险知道得越多，就越可能交上好运、避免厄运。即他对自己的长处和短处应当有着清醒的认识。如果机遇与某人的能力完全相符，他就可能交上好运。毫无疑问，要想对自己的长处和短处有清醒的认识，尝试是最好的办法之一。“不试就不知道自己能干什么，不能干什么”是一句古老的格言，曾经激励过许多人勇敢尝试，认识自己，把握运气。

我们通常都羡慕成功者得到的掌声和鲜花，但我们却往往忽略了他们为了这一切所付出的辛勤劳动和汗水。没有一个人的成功是轻而易举的，几乎所有的成功者都为此付出了太多。有句话叫作“台上一分钟，台下十年功”，这句话充分说明了这个道理。然而我们有太多的人不能成功就是忽略了这一点，他们只想得到鲜花和掌声，却不想付出辛勤和努力，他们忽略了成功前应做的准备，哪怕真的有一天天上会掉下馅饼来，他们却发现自己还没有盛馅饼的东西呢！

在普法战争前，普鲁士的著名将领毛奇将军深谋远虑，已经做了多年的准备。正因为准备充足，所以战争一爆发，毛奇率领的普鲁士军队很快就打败了拿破仑三世。

在战争爆发的13年前，毛奇就策划好了精密的作战计划。所有普鲁士的军官都知道毛奇的指令，都被告知在作战过程中应该采取的行动与策略。一旦战争爆发，这些军官就可以立刻按照指令去做。

在每一位普鲁士指挥官的手里，都有一个密封着的信封，信封里装着关于战争的秘密指令，对怎样调遣军队、怎样进攻退守等作战方略，以及作战地点，都做出了清晰、明确的规划。当这些指挥官接到战争动员令时，就可以拆开这些密封着的信，据此来部署和调度军队。

对于已经定下的作战计划，毛奇将军还常常加以变更和修正。修改好以后，再密封起来交给每位将领，以备随时应付战事。据说在1870年应用的最后战略，1868年时就已经确定，而最初的战略竟然在1857年就已制定了。

因此，普法战争一爆发，普鲁士军队在毛奇的领导下，进退自如，攻守有序，好似钟表里的发条装置一样准确。

而法军的表现却恰恰相反。战争开始后，法国的作战将领常常从前线打加急电报给总司令部，不是说缺乏给养，就是说缺乏弹药，还报告军队无法迅速集中。由于事前缺乏准备，因此法军在战场上不堪一击。

机遇总是转瞬而逝的，成功总是偏爱那些有准备的人。越王勾践，为灭掉吴国，卧薪尝胆，做了将近20年的准备。冰冻三尺，非一日之寒，你只有付出，才会有所收获。有时甚至连付出都不会有收获，更何况那些连付出都不愿意的人呢！但是，只要我们努力，成功的机会总会大些。人生最美的时刻，并非在拥有成功之后，而是在追梦的过程中。

第二章
发挥自己的价值

如果背道而驰了，马跑得越快、盘缠带得越多、赶车师傅的本领越高，反而离你的目的地越远。同样的道理，不论你的性格多坚忍不拔、心态多百折不挠、能力多出类拔萃，若站在一个错误的位置上，这些反而会让你深陷泥沼，不能自拔。

体现自我的价值

很多人在给自己定位时，总是把目光盯在一些最有价值的位置上，尽管也知道自己的能力有所不及，也知道那个位置不是自己的兴趣之所在。可是他们还是想尽办法往那个位置上挤，原因就在于爱面子文化或其他因素的影响，喜欢与他人攀比，总是对自己抱有不切实际的期望，认为自己应该从事一份体面的工作，或者一开始就应该受到重用。不愿意从基层做起，认为那样是大材小用，不能体现自我的价值。

其实，这都是因为他们对自己定位不正确的缘故。道理很简单，最好的，不一定就是最适合你的，而最适合你的不一定是最好的，却是你最佳和最终的选择。感情如是，工作如是，对自我的定位也同样如是。一个人最大价值的体现，并非取决于他是否是在一个最有价值的位置上，而是取决于他是否在最适合自己的位置上体现出了他应有的价值。正如达斯汀·霍夫曼所说的那样，是否找到了属于自己的音符。

演技派电影明星达斯汀·霍夫曼在“金球奖”的颁奖典礼上接受终身成就奖时，提到这样一个真实的小故事。

有一次，他为电影《毕业生》做宣传，碰巧与音乐大师史达温斯基在同处接受访问。主持人问起史氏，那时是否是他一生当中最感到骄傲的时刻——新曲的首度公演、功成名就、掌声四起。史氏对此都一一加以否认。最后，他说：“我坐在这里已经好几个小时了，这期间，我一直不断地在为我新曲中的一个音符绞尽脑汁，到底是‘1’还是‘3’比较好？当我最后发现众里寻她千百度的那一个音符的一刹那，是我人生中最快乐、最骄傲的时刻！”霍夫曼说，他被大师感动得当场哭了起来。

最后，达斯汀·霍夫曼说自己之所以会在颁奖典礼上提到这个故事，是想让人们明白，每个人都应该找到自己生命中的那个音符，这样才会让人生有价值。

斯通在听到达斯汀·霍夫曼所讲的这个故事后，非常赞赏他的观点，并举了这样一个例子：汤姆逊由于“那双笨拙的手”，在处理实验工具方面感到很烦恼，因此他的早年研究工作偏重于理论物理，较少涉及实验物理，并且他找了一位在做实验及处理实验故障方面有惊人能力的年轻助手，这样他就避免了自己的缺陷，努力发挥了自己的特长。珍妮·古多尔清楚地知道，她并没有过人的才智，但在研究野生动物方面却有着超人的毅力和浓厚的兴趣，而这正是干这一行所需要的。所以她没有去攻数学、物理学，而是进到非洲森林里考察黑猩猩，终于成了一名很有成就的动物学家。

很多道理就是这样，如同伟大的作曲家心无旁骛、孜孜不倦地寻找一个最能撼动他的音符，不管是从事何种职业的人，那最令人满足、安慰的时刻，的确是在历尽“千山万水”，终于“柳暗花明”找到了自己的“音符”的一瞬间。登山者攀越高峰，流着血汗、一步一个脚印地爬上去，面对挑战，战胜挑战，到达顶峰，那一刻的心灵震撼绝对是无可比拟的！

一个人最大价值的体现，不在于获得多少掌声、名誉或权势。掌声再响也有停的时候，拥有再高的被人推崇的名誉，也有被历史淡忘的时候，权势即便炽热得可熏天，也终究会像云烟一样过眼而空。与其是这样的一个结果，倒不如俯下身子去，给自己做出一个正确而合理的定位，不畏艰辛，静心、努力、不懈地追寻，只有这样，才能找到最能感动自己灵魂的“那一个音符”，才能使自己的人生价值得到最大限度的体现。

因此，每个人都应该清楚并知道，一个人能否在他的有生之年有所作为、有所成就，并不取决于他处在一个什么样的位置上——那些身处并不适合自己位置上的人其实是最可悲的，而在于他是否身处一个适合自己的位置，是否找到了属于自己的“音符”。生命中最欢乐的时刻，正是在你找到自己的音符后，奏出最美妙的华彩乐章的那一刻。

潜能激发：充分发挥自己的优势

美国管理大师德鲁克曾说，大部分美国人都不知道他们的优势何在。如果你问他们，他们就会呆呆地看着你，或文不对题地大谈自己的具体知识。这个现象不仅在美国，在中国也很普遍，很多人都不曾考虑自己的优势能力是什么。这并不是个好现象。美国盖洛普公司认为：在外部条件给定的情况下，是否成功，关键在于能否准确识别并全力发挥你的优势。

十多年前，有一家科研单位同时从一高校招聘了五名应届毕业生，其中三名是博士，一名是硕士，一名是本科生。那名本科生是女生，其余四名是男生。女生向来很难分配工作，这名女生是学校搭着四名男生分配来的，学校的条件是：该科研单位要四名高学历男生，就必须搭一名本科女生。

学历最低，又是女性，而且是学校搭配分配的——也就是单位被迫接纳的，她进入工作岗位的第一天，就感觉到自己根本不被单位重视，几乎是一个可有可无的人。

她为此十分苦恼，并且觉得前途无望。甚至，她还产生了离职的想法，本科学历也不算低，如果到一个本科生少的单位里，也许还能得到重视。

就在她决心已定时，她的一位老师对她说：“在大自然中，有一种动物叫兔子，它没有狮子那样的尖牙利爪，没有大象那样硕大的块头，倒是有很多天敌——狼、鹰、狐狸、毒蛇等，可兔子却并没有在这个世界上消失，反而是生生不息。这是为什么呢？这是因为兔子发挥了自己奔跑的长处，当天敌出现时，它们便拼命地奔跑，它们跑动的路线呈‘Z’字形，天敌常常很难抓住它。现在，你身边的博士、硕士，就如同丛林里的大象或狮子，而你则如同一只小兔，你为什么不发挥你的长处呢？”

她决定留下了，并且认真地分析和发挥了自己的长处。

时间过得非常的快，一晃十年过去了，也就是到了2004年，一切都发生了变化，她已经成了单位的科研主任，和她一起参加工作的三名博士和一名硕士，是她领导下的科研骨干。

她的长处是什么？她的长处是组织管理能力。当她发现自己在专业造诣方面无法取胜时，她发挥了自己在组织管理方面的优势，而单位里一直就缺乏把众多科学家组织在一起，科学地领导他们，整合他们力量的领导者。

由此可见，一个人要想有所作为，就必须了解自己的优势之所在，然后加以充分地利用和发挥。虽然对于每一个人来说，都有着各自的优势和劣势，而我们需要做的，仅仅是找到自己的优势，并将其发挥到淋漓尽致的地步。一个人能否成功，并不完全在于他有多高深的学识和多出众的能力，这虽然是不可缺少的，但绝不是决定性的因素，关键在于他是否找到了并能充分发挥自己的优势，因为对于每一个人来说，他最大的发展空间就在他所擅长的领域里。

必须承认，古往今来无论是任何一个志士达人，之所以能够名留史册，最重要的原因是他充分地发挥了自己的优势，就如高声吟唱“天生我材必有用”的李白，若让他去开一家酒店，当街卖酒的话，恐怕用不了几天就只能关门大吉了；隋炀帝杨广也是一个很有才气的人，有着很高的艺术修养和天赋，可运气不好，生在了帝王家，还当上了皇帝，否则肯定会成为一代名士；还有王安石，他的文章写得非常好，可是命运却安排他做了宋朝的宰相，领导了11世纪中期的一场改革，结果以失败告终，自己也被贬了官，落得个被人唾骂的下场。如果他未曾从政，一心从事文学创作，那就肯定会成为大文豪，当时和后世对他的评价将更高。

所谓“扬长避短”，一个人只有在自己擅长的领域里才会有所作为。对于每一个人来说，无须太过于关注自己的劣势，更不用想方设法去弥补，这个世界并不存在完美无缺的人，因此，你也无须努力成为那样的一个人，只需把自己的优势充分地发挥，就已经是最好的自己了。

我们为何无所适从

生活在这个世界上，似乎有太多让我们无所适从的时候：大学刚毕业，面对严峻的就业形势，是该去找工作还是继续深造呢？伤脑筋。现实生活好像就剩下柴米油盐酱醋茶了，单调得都快让人窒息了，难道就不能像想象中那么美好？尽管有一份还算不错的工作，可总感觉前途渺茫，是该离职呢，还是该继续做下去……

太多的事情让人无从选择，太多的抉择让人左右为难，总觉得选择不对，不选择也不对；往左走是错，往右走也是错，到底是什么原因让我们如此感到无所适从呢？

1.定位不够准确

一个美国人、一个法国人和一个犹太人被监禁三年。在进监狱之前，监狱长让他们对自己的监狱生活做出一个选择。

美国人爱抽雪茄，要了三箱雪茄。

法国人最浪漫，要一个美丽的女子相伴。

而犹太人说，他要一部与外界沟通的电话。

三年过后，第一个冲出来的是美国人，嘴里鼻孔里塞满了雪茄，大喊道：“给我火，给我火！”原来他忘了要火了。

接着出来的是法国人。只见他手里抱着一个孩子，而那个美丽女子手里牵着一个小孩子，肚子里还怀着一个。

最后出来的是犹太人，他紧紧地握住监狱长的手说：“这三年来我每天与外界联系，我的生意不但没有停顿，反而增长了200%，为了表示感谢，我送你一辆劳斯莱斯！”

事情就是这样，你对自己有什么样的定位就有什么样的人生。很多人之所以会感到无所适从，就是由于把自己放在了一个不准确的位置上。请记住，我们今天的生活，都是由我们昨天的选择决定的，所以必须要给自己做出准确的定位，是想成为犹太人还是法国人，抑或因为没有火而饱受折磨的美国人？每个人都应该明确地知道自己到底想要什么。

2.有太多的目标

任何人都清楚，作为一个人，尤其是对于一个想要有所作为的人来说，不能没有目标，不然什么事都难以做成。可是却很少有人意识到，目标太多比没有目标更为糟糕。没有目标万不得已，还可以把别人的目标当作自己的目标来奋斗，当别人的目标实现了自己也达到了一个更高的层次，而目标太多则不然，一个人的精力毕竟是有限的，目标太多不但会使精力分散，使人感到无所适从，不知该做何选择，于是，要么是犹豫来犹豫去，还是不能做出决定，要么就是胡子眉毛一把抓，结果什么也没做好。

这就如同是打靶，忽然之间在自己眼前出现了很多要打的靶，反而不知道该打哪个靶了。要想打得准，就必须瞄着一个靶。因此，你必须要清楚自己最想要的是什么，你才能得到什么。

3.没能制定出适合自己的目标

在一个以适宜垂钓著称的海边，几个人在岸边垂钓，旁边几名游客在欣赏海景的同时，好奇地看着垂钓的人。他们发现一名垂钓者的技艺非常的高，他很轻易地就钓到了一条大鱼，足有三尺长。可是这个人却小心地把大鱼从渔钩上摘下来，并顺手丢进了海里。

周围围观的人发出一阵惊呼，这么大的鱼还不能令他满意，可见垂钓者雄心之大。大伙的兴趣被勾了上来，想看一下他究竟能钓上多大的鱼来。这时钓者的渔竿又是一扬，钓起一条两尺来长的鱼，他又把鱼丢进了海里。钓者的渔竿第三次扬了起来，这次是条一尺长的小鱼，大家看到后以为这条鱼也会被丢下海的，可没想到，他居然小心地将鱼卸下，放进自己的鱼篓中。旁边的人开始议论纷纷，不明白他为什么舍大而求小，钓者解释说："我家里的盘子只有一尺长，但是家里人喜欢吃整鱼，太大的渔钓回去也吃不了，不如放了它。"

很多时候我们实在应该学习一下这位钓者的智慧，毕竟我们每一个人都是不同的，因此目标也不会相同，别人的目标再好，那也只是别人的，并不一定适合自己。

4.没能抓住眼前的利益

从前，一位老渔夫整日以打鱼为生。有一天，他运气不佳，忙活了一天，只网到了一条小鱼。这条小鱼对渔夫说："渔夫，你放了我吧，看我这么小，也不值钱，你要是把我放回海里，等我长成一条大鱼，到那时你再来捉我，不是更划算吗？"渔夫说："小鱼，你讲得有道理，但是我如果用眼前的小利去换不确切的所谓大利，那我就太愚蠢了。"

渔夫的回答和想法是正确的。要知道，大海可不是渔夫自家的鱼塘，想捞什么就捞什么，所以切切实实地珍惜每一分收获是很重要的。眼前的利益再小，它毕竟在你手中，是实实在在的。现在是未来的基础，只有把握住现在，才有可能掌握未来；否则，失去现在，就别指望未来。

其实，这个世界上没有任何事情可以让我们无所适从，让我们无所适从的是我们的内心，是我们面对一件事时的态度，是我们对自己的目标不明确。草原上的狮子在猎杀羚羊的时候，尽管闯入的是羚羊群，但它也不会把所有的羚羊都当作目标，而是追赶那只事先早已选好的目标。要不想让自己陷于无所适从的地步，就必须像狮子猎杀羚羊一样。

潜能激发：做好定位才有价值

记得还是七八岁的时候，我家的附近住着一位靠卖画为生的老画师。那天，镇子上有集市，我和几个伙伴去集市上玩，看到这位老画师面前摆着一些字画。他画的都是些风景，花花绿绿的，很好看。我和老画师早已很熟识了，他看到我就招呼我过去，于是我和那几个伙伴道别，跑过去接过他手里的冰糖葫芦。这时，过来一位看上去像教师的人，他问老画师："请问这幅画多少钱？"老画师回答道："20元。"然后，那位教师和老画师讨还了一下价钱，最后成交，那位教师花了15元钱把画买走了。看到这里，我问老画师："怎么这么便宜就把这么好的画卖给他了？"老画师微微一笑，说："在这里，再好的东西也卖不上好价钱的，人们看到我的画，只是在心里想：这幅画很好，但对我们没有太大的意义，我只是买回家做些装饰罢了。所以他们开的价钱不会太高，我也不能要价太贵，不然就没人买了！"老画师讲到这里，我还是不明白其中的意思。老画师看我这样，笑了笑说："你明天跟我一起去卖画吧！"我欣然地答应了。

第二天，我与老画师到了市里的集市上。刚把画摆好，就来了一位看上去很有钱的购画者，他问老画师："这幅画多少钱？"老画师回答说："500元。"来人听后非常高兴，边从口袋里掏钱边说："真没想到，这么货真价实，我们新家装上这幅画后，一定会蓬荜生辉的。"等那人走了，我难以理解地对老画师说："早知这么爽快，就把价钱要得再高些了。"老画师笑了笑，说："现在我们把画摊搬到古籍市场上去吧，看看情况如何。"接着，我们就去古籍市场。在那儿，我简直不敢相信自己的眼睛，竟然有人乐意出2000元钱来购买老画师的画，可是老画师竟然还不愿意卖，他继续抬高字画价钱，他们出到1万元。老画师仍旧说："我不打算卖掉它。"他们说："我们出2万元，甚至3万元，只要你卖！"老画师说："低了，我不能卖，我要5万元。"我真的不能相信，我在心里想："难道老画师疯了，昨天才15元钱，现在就要5万元！"谁知最后，老画师真的以5万元钱卖掉了手中的画。

在回家的路上，我百思不得其解地问老画师："为什么同样的字画，你却卖了三个价钱呢？"老画师说："你应该明白一个道理，同样的画，放在不同的地方，价钱是不一样的。人生中的很多道理也是这样的，只是你现在还不会明白。"

那已经是很多年前的事了，后来，那位老画师回到了北京，从此再没来过我们这个小镇。我也一天天地长大了。在社会上闯荡多年之后，我开始越来越了解老画师的话了。

富兰克林曾说过："即使是宝贝，若放错了地方，也只能是一堆废物。"确实是这样，就像那位老画师卖的画，同样是经他手画出来的，摆在城镇的集市上只值十几元，而放在古籍市场上，却有人出5万元来买。其实，并不是老画师故意要那么高的价，而是在那个地方，就值那么多钱。换言之，你对自己做出什么样的定位，也就决定了你具有什么样的价值。

或许每一个人都没有预知未来的能力，但我们完全可以从一个人现在的言行中预判出他的未来。因为一个人会成为什么样的人，会有什么样的成就，会有什么样的地位，完全取决于他对自己做出的定位，而这些都可以从他的言行中透露出来。

有这样一个小孩，他出生于旧金山贫民区里，由于从小营养不良而患有软骨症，在6岁时双腿变成“弓”字形，小腿更是严重萎缩。可是即便这样，在他幼小的心灵中一直藏着一个除了他自己没人相信会实现的梦，那就是，有一天他要成为美式橄榄球的最佳球员。

男孩最崇拜当时最具传奇色彩的吉姆·布朗，因此每当吉姆所在的克里夫兰布朗斯队和旧金山四九人队在旧金山比赛时，他便不顾双腿的不便，一跛一跛地到球场去为心中的偶像加油。可是由于穷得买不起票，每次都只有等到全场比赛快结束时，他才能从工作人员打开的大门缝里溜进去，欣赏剩下的几分钟。

13岁时的一天，他终于有幸在一家冰激凌店里和心中的偶像面对面地接触了，为此他曾期望了很多年。于是，他大大方方地走到这位大明星的跟前，朗声说：“布朗先生，我是你的忠实球迷！”

吉姆·布朗听后很高兴，向他表示感谢。“但你知道一件事吗，布朗先生？”男孩接着说道。

吉姆·布朗摇摇头，问：“能告诉我是什么事吗？”

男孩一副自豪的神态说道：“我记得你所创下的每一项纪录，每一次的布阵。”

吉姆·布朗显得很意外，“是吗，你可真不简单。”

这时男孩挺了挺胸膛，眼睛闪烁着光芒，充满自信地说道：“还有一件事我要告诉你，布朗先生，有一天，我要打破你创下的每一项纪录！”

吉姆·布朗起先很觉得诧异，接着微笑着问道：“好大的口气，能告诉我你叫什么吗，孩子？”

男孩得意地说：“我的名字叫奥伦索·辛浦森，大家都管我叫 O. J .。”

多年之后，果然如这个男孩所承诺的那样，他不但打破了吉姆·布朗所创下的所有纪录，而且还创下了更多新的纪录，有些至今还未被人打破。

别被不同的价值观影响

曾看过台湾作家林清玄先生写的一则寓言：

在一个狭长的山谷里，住了一群白蝴蝶，它们居住在溪水边，靠吸食腐木的汁液为生。

有一只毛毛虫，每天看着蓝天，还有蓝天下飞过的多彩多姿的蝴蝶，它心里总是想着："为什么我不能变成一只蓝蝴蝶呢？为什么我不能像多彩多姿的蝴蝶一样，以采花为生呢？"

于是吃着树叶的空当，别的毛毛虫都睡了，这只毛毛虫就独自冥想，想着自己生出美丽的蓝翅膀，在蓝天下飞来飞去，分不清自己是飞在蓝天中，或者是蓝天印在自己的翼上。

每天，毛毛虫都这样深深地冥想。

奇怪的事终于发生了，当所有的毛毛虫都长出白翅膀时，那只毛毛虫却长出一对蓝翅膀，蓝得像蓝天一般。

别的蝴蝶一诞生，就飞到地上，吸食腐木的汁液。只有蓝蝴蝶一飞冲天，在蓝天下飞舞，从一朵花舞过另一朵花，它心里想着："百花是如此的美味，为什么白蝴蝶都不知道呢？在天空下飞舞是这么快乐，为什么白蝴蝶都不愿意飞舞呢？"

蓝蝴蝶一边快乐地飞舞，一边冥想，希望自己的子子孙孙都能化成蓝蝴蝶，都能飞舞在蓝天中，吸吮百花的芬芳。

那些聚居在山谷底部的白蝴蝶偶然抬头，看见和自己长得很像的蓝蝴蝶在空中飞来飞去，都以为自己在做梦，把蓝天梦成了翅膀。

许多许多年之后，在那狭长的山谷里住了一群白蝴蝶和一群蓝蝴蝶。

白蝴蝶一出生，便飞到地上，吸食树木的汁液。

蓝蝴蝶一出生，便飞上天空，在蓝天下飞舞，吸食百花的芬芳，它们蓝之又蓝，蓝得比它们的祖先——第一只蓝蝴蝶——还要蓝；它们自由自在，比第一只蓝蝴蝶飞得更高更远。

事情就是这么神奇，你渴望自己成为一个什么样的人，大自然自然就会赋予你这样的能力，你就能够成为一个什么样的人。就像那个想要拥有一双蓝色翅膀的蓝蝴蝶一样。可要达到这样的目的，就不能像白蝴蝶那样，飞到地上去吸食树木的汁液，而要飞到空中去，让自己在蓝天下飞舞，去吸食百花的芬芳。换言之，就是你必须要有自己的价值观，同时还不能被别的价值观所影响。

价值观并非一成不变，它随着我们的年龄以及生存环境变化而不断调整，我们接受一些价值观，同时也拒绝一些价值观；我们受到周围人的价值观的影响，同时也用自己的价值观影响着其他的人。

大部分的价值观都是中性的，无所谓好坏，但一个人不能同时选择两种截然不同的价值观。期望权力没什么不好，因为权力是中性的，重要的是你运用权力的方式是建设性的还是破坏性的。

每个人都有追求自己的价值观的权力，但有时，我们也会为自己的价值观付出代价，特别是当价值观与我们的事业发生冲突的时候。但只要我们真正认同自己的价值观，就不应再受其他价值观的影响。

价值观是我们人生路上的指南针，有什么样的价值观就会有什么样的人生。价值观并非一成不变，它会随着我们的年龄、环境以及其他因素而不断地改变。但是，在我们的人生中，绝对不能有两种截然相反的价值观。

被人誉为全球第一CEO的前通用电器总裁杰克·韦尔奇就特别注重对员工价值观的考核。他在评价员工时，除了看他的绩效有没有达到指标外，还要看他的价值观与公司价值观是否吻合。当绩效达标，价值观与公司相吻合时，公司将毫不犹豫地为他提供奖赏或者晋升的机会；当绩效没有达标，价值观也与公司不吻合时，公司会毫不犹豫地请他离开；当绩效没有达标，但与公司价值观相吻合时，公司会再给他一次机会；而当绩效达标，但价值观与公司不相吻合时，公司也会毫不留情地请他走人。而且杰克·韦尔奇认为这种人是最为危险的，因为他们通常可以毁灭一家公司。事实证明，很多公司就是因为接受了这些能达到绩效指标但品格很差的员工才走向最终毁灭的。

所以，不要小看一个人的价值观，它具有的力量是强大的。两种不同价值观相碰撞所产生的力量足以毁灭世界。

一个人不能同时骑两匹马，同样一个人也不能持有两种不同的价值观，否则就会使我们迷失方向。所以，一旦选定了自己的价值观，就不要让别人的价值观来影响你。

潜能激发：清醒地认识自己

在希腊帕尔纳索斯山的南坡上，有一座具有三千多年历史的戴尔波伊神托所。这是一组石造建筑物。在它的入口处，人们可以看到刻在石头上的两个词，翻译成今天的话就是“人啊，认清你自己。”

这句话在当时是一句家喻户晓的民间格言，它是古希腊人民智慧的结晶，后来被附会到大人物或神灵身上去了。

由此可以看出：认识并认清自己，对我们来说有着何等重要的意义。许多时候，我们之所以失败的原因，就在于我们对自己没有一个很全面的认识。我们发明了宇宙飞船去翱翔太空；我们建造了潜水艇去探测海底。可对于我们自身，我们就是不能有一个清晰而全面的认知。我们总是拿自己的缺点去跟别人比较，我们总是以自己的不足来自轻自贱。其实，我们大可不必如此。

我们可能解不出那么多的数学难题，或记不住那么多的外文单词，但我们在处理事务方面却有着特殊的本领；我们可能数理化差一些，但我们写出的文章却很优美；我们可能五音不全，唱歌老跑调，但我们有一双极其灵巧的手；我们可能画画时，连一张桌子也画不像，但我们却有一副动人的歌喉；我们可能不善于下棋，常被人杀得丢盔卸甲，但我们有一副过人的气力。如果我们先认识到自己的这些长处，再去确立自己的人生目标，抓紧时间把一件工作或一门学问刻苦地、认真地做下去，自然就会结出丰硕的成果。鲁迅曾经说过："即使是一般资质的人，一个东西钻上10年，也可以成为专家。"更何况我们向自己的长处刻苦钻研呢?

英国著名诗人济慈本来是学医的，但是后来一个偶然的机会，他发现自己有写诗的才能，于是他便把自己所有的精力都投入到诗歌的创作中去。他虽不幸只活了二十几岁，但已为人类留下了许多不朽的诗篇。全世界无产阶级和劳动人民的伟大导师马克思，在他年轻的时候，曾经幻想成为一名诗人，并且也曾经努力地去创作过一些诗歌。后来他很快就发现自己的长处其实不在这里，便毅然放弃做诗人的计划，转而去研究社会科学。可以说，如果当时这两个人都不能真正地认识自己，从而找回自己的话。那么，在英国至多不过增加一位并不高明的外科医生济慈，在德国也不过增加了一位普通的诗人马克思而已。可是在国际诗坛上和国际共产主义运动史上，则肯定要失去两颗光彩夺目的明星。

认清自己，清楚自己的优点和缺点，不要过高吹捧自己。尤其是在一切都顺利，平步青云时，你更应该时常警醒自己，保持头脑的清醒，因为那是一个人最能滋生骄傲情绪，走向极端的时候。所以，成功时要像刚起步时那样看待朋友、看待生活，要一如既往地勤奋忠实。不要在取得一点成绩以后就认不清自己，把自己和原来的"我"分开，同时也把自己和朋友、亲人分开，使自己游离于社会之外。如果你不慎掉入了那种骄傲的状态时，那你已经远离世界、远离亲人了，而成功也只能成为你生命中一时的点缀。

现实生活当中，许多成功的企业家之所以先成功后失败，就是因为没能很好地认清自己，没能把现在的自己和原来的自己联系起来。这种现象是很容易出现的。当你成功的时候，你周围的人对你的吹捧会使你骄傲自大，但是那些经受过挫折的明智的人永远是以自己心中的自我为基准，绝不在乎别人的吹捧，所以他们能长久地发展下去。

认清自己，不管是在逆境中还是顺境中都很重要。现实生活中，当我们面对困难和挫折时，大部分人能够认识到自身的能力和优势，正是这样，他们能分析清楚失败的原因，再经过认真的思考，最后坚定信心，就地爬起，再创辉煌。另外一部分人，他们面对挫折和困难时，由于没有清楚地认识自己，所以他们总是怀疑自己，认为自己没有能力，最终等待他们的只能是一天天的蹉跎岁月。

因此对于自己，我们必须要有一个清晰的认识。只有在这个基础上，才能找到自信，而不会妄自尊大或妄自菲薄，也才能拥有源源不断的动力，从而开创属于自己的成功。

有一名长跑运动员，他上学时很害羞，在讲话和阅读上，总是不能很好地表达，他患有口吃。也因为这个原因，他经常受到同伴的嘲笑和捉弄。这种境况令他非常的沮丧和懊恼。但是，他很快地发现了自己非常喜欢体育运动，并且在舞蹈、杂技、体操和跳水等方面都有很好的天赋。认清这些之后，他开始专注于长跑、杂技、体操和跳水方面的锻炼，以期能脱颖而出，赢得同学们的尊重。由于他的天赋和努力，他也一如所愿地开始在各种体育比赛中崭露头角。

当这名长跑运动员到了中学以后，他遇到了他的长跑教练。从此，他在教练的督促下，专心地投入到了长跑训练中去。经过长期的专业训练和不懈的努力，他终于在长跑方面取得了骄人的成绩。

在这个世界上，有的人适合做将军，有的人适合当士兵。适合做士兵的人若以做将军为自己的人生目标，这虽然是一种很大的追求，却在同时也给了自己更大的压力和折磨。做将军的人，不但要有卓越的军事才能，而且要有运筹帷幄的智谋，还要有容人的大度。如果没有这些才能，却还有做将军的想法，这只会使你一生痛苦不堪，受尽挫折。因此，要想让自己有一个成功的人生，就必须先认清自己，找一条适合自己发展的道路。

纵观那些成功人士，我们总会发现，他们对自己都有一个很清晰的认识，知道自己的优势和劣势所在，因此他们面对一切也总是游刃有余，这就是他们为什么能取得成功的原因。在我们通往成功的道路上，会遇到各种不同的对手，而最大的对手就是我们自己，也只有那些真正认清了自己的人，才能征服自己，从而收获一个成功的人生。

选择好自己的职业

个人在选择自己的职业时，一定要以自己的能力、性格特点、心理素质等智力因素和非智力因素为依据，不能不切实际地凭空设想。比如，一个五音不全的人想成为一名歌唱家，显然难度系数极大，甚至不可能实现。如果你认为某个不适合你的位置是最佳位置时，其实这是一种错觉，或者说你处于一种不切实际的幻觉状态中，结果往往是一事无成。

“但是，我还是能干成一些事情的。”一个年轻人向因为他的不良业绩而要解雇他的一个商人恳求着说。

“作为一个推销员来说，你根本不够格。”他的老板这样认为。

“我相信我能成为一个有用的人。”年轻人争辩道。

“怎么成为？告诉我你怎么成为一个有用的人。”

“我不知道，先生，我不知道。”

“我也不知道。”老板开始嘲笑那个年轻人。

“只要不把我赶走就行，先生，不要把我赶走。让我在其他方面试试。我干不了销售，我知道我干不好销售，但也许可以干其他活儿。”

“我也知道你不能，”他的老板说，“这本来就是一个错误的选择。”

“但是无论如何，我都会使自己有一些用处的，”年轻人坚持着，“我知道我能做到。”

终于，他的恳求被同意了，他被留在了会计室。在那里，他在数字方面的天赋很快就有了用武之地。在几年以后，他不仅成为一家大百货商店的出纳负责人，而且还是一个出色的会计师。

所谓给自己的人生做出定位，并不只是找到适合自己的位置就可以了，还要为自己的位置找到方向，也就是要让自己清楚地知道自己该往哪里去，要达到一个什么样的目的。一个人竭尽全力去做一件事而没有成功，并不意味着他没有能力，更不是意味着他做任何事情都无法成功，而只是因为他没找到自己的位置，抑或没为自己的位置找到方向。无论是谁，只要能站到那个应该属于自己的位置上，并清楚自己的方向，就只会前进，而不会原地打转甚至后退，就像火车头一样，它只有在铁轨上才能快速地向前驶去，而一旦脱离了铁轨，就寸步难行。莫里哀和伏尔泰都是失败的律师，但前者成了杰出的文学家，而后者成了伟大的启蒙思想家。道理就是这么简单。

童第周17岁的时候，才进入宁波师范学校的预科班学习。第2年，他又考入了一所教会中学。这所中学对学生的数理化和英语成绩有着严格的要求，可童第周恰恰这几门功课的基础最差，有的课甚至根本就没有学过。为此他经常受到同学们的奚落，甚至有个学生说他用不了三个月，肯定就得回家种地去了。虽然童第周并没有在三个月后回家去种地，可第一学期的期末考试，他的平均成绩只有45分。按照学校的规定，在他面前只有两种选择，要么退学要么降级。

回家种地童第周是不会去的，但他的年龄本来就比同班同学要大好几岁了，怎么能再降一级呢？万般无奈，他只好硬着头皮去央求校长，最后，他的真诚感动了校长，答应让他再试读半年。从此以后，童第周每天天不亮就起床，到路灯下开始朗读英语；晚上别人都早已休息了，他还在校园的路灯下复习当天学过的课程。就这样，童第周的学习成绩突飞猛进，第二学期考试后，他的平均成绩已经超过了70分，几何还考了一百分。

正如童第周之后所说的那样，“别人能做到的，我也能做到，别人做不到的，经过努力，我也能做到。”就是在这样的刻苦和勤奋之下，28岁那年，童第周终于以复旦大学生物系高才生的优异成绩获得了留学比利时的机会。后来，他成为生物遗传工程方面的专家，在全世界都享有盛名。

正如爱默生所说过的那样，“就像江中行驶的船一样，除了一个方向以外，每一个人都在躲避其他任何方向上的障碍物。只有在那个他选定的方向上，他驱除了所有的障碍，平静地驶过深不可测的海峡，到达广阔无边的海洋。”我们必须要知道自己的方向，才能到达我们想要到达的地方，才能成功，才能过上自己想要的生活。

潜能激发：找准现阶段的合适位置

对于一个人来说，世间最珍贵的不是“得不到”和“已失去”的东西，而是把握住现在，找到现阶段最适合你的位置。没有一个个小目标的实现，你的远大目标就只能是空想。

在2009年春节过去的不几天，有一位刚从大学毕业的人来到了北京，他的愿望是想在北京找到一份编辑工作，但人生地不熟，一直没有找到合适的工作。但幸运的是，有一天他在街上漫步的时候，他遇到了一位大作家，他们交谈得很融洽，并都给对方留了电话。

又过了几天，年轻人给这位作家写了一封信，希望能得到他的帮助。

这位作家接到信后，给年轻人回了信，信上说：“如果你能按照我的办法去做，你肯定能求到一席之地。”他还问年轻人：“你想到哪家出版社或报社工作？”

年轻人看后十分高兴，马上回信告诉了他。于是这位大作家又告诉他：“你可以先到这家报社，告诉他们我现在不需要薪水，只是想找到一份工作，打发我的无聊，我会在报社好好地干。一般情况下，报社不会拒绝一个不要薪水的求职人员。你在获得工作以后，就要努力干，然后通过自己的努力让你的上司看到你的能力，只有这样，你才会得到领导的认识，如果你很出色，那么，你就会得到同事们的认可。然后你可以到主管那儿，对他说：‘如果公司能够给我相同的薪水，那么我愿意留在这里。’对于每一个公司的领导来说，他们是不会轻易放弃一个有经验又熟悉单位业务的工作人员的。”

年轻人听后，有些怀疑，但还是按照这位大作家的办法去做了。不出几个月，他就接到了另一家报社的聘用书。而这家报社知道后，愿意付出比另外报社高很多的薪水来挽留他。

这位年轻人的求职经历给了我们这样一个启示：许多人都想“一步到位”，但实际上很难办到。

每个重大的成果都是由一系列的小成果累积而成的；任何一项大任务都是由一项项小任务组成的；每个重大目标的实现都是一连串的小目标实现的结果。所以，实现任何远大的目标，都要制定并且达到一连串的小目标，也就是说人生目标的实现具有阶段性，不可能一蹴而就、一步到位。你应该把整体性的远大目标，分解成一个个小的目标单元，分步骤、分阶段地逐一实现。比如你想当一名成功的企业家，但很难一毕业就能成为名副其实的企业家，而是必须从基层一步一个脚印地做起。

与目标的阶段性相对应，你就应该在不同的阶段分别找准自己相应的位置，并扮演相应的角色。如此，才能达到经济学上所讲的效用最大化。

你的远大目标是你的人生大志，比如你立志做个改变世界的政治家，或者立志做个科学家。它只是较明确地为你指明了今后发展的方向，它是朝着未来，有待实现的。将你人生的远大目标变成现实，不是一天两天的事，而是一个循序渐进的过程。它可能需要你花费十年、二十年、三十年，甚至为之奋斗终生。

所以，对你来说，最重要的是把握住现在，只有找准现阶段最适合你的位置，并全力以赴做好此时此刻手头上的工作，你才能一步步地迈向你的终极目标。随着阶段性目标的逐一实现，你就会离你的远大目标越来越近了。

当你找到现阶段最适合你的位置时，亦即你现在所从事的工作是实现你人生大目标的一部分时，你执行的每项任务都十分有价值。哪怕是最单调的工作，也会赋予你满足感、成就感。

因为你看到了更大的目标正在实现。这种满足感、成就感令你的人生充满乐趣，进一步促使你去努力工作，把工作做得更好，你所取得的成绩为实现更大的目标服务，如此层层递进，你会离你的终极目标越来越近。

第三章 不断调整自己，审视自己

这个世界上没有一成不变的事物，在不同的时候就需要你做出不同的选择，因此对自我的定位也不可能是一劳永逸的，需要我们不断审视自己，不断作出调整。

认清自身的能力

在这个世界上，最令我们难以驾驭的并非他物，而是我们自己。这正如在一本书中写到的：人生中有六匹马，第一匹马是“公司”，它决定了你的发展空间和机会；第二匹马是“上司”，他决定着你的发展和前途；第三匹马是“团队”，他们是你工作和生活中的好伙伴；第四匹马是“家庭”，再多的财富都不如一个好家庭，而一个好家庭却能使你拥有很多财富；第五匹马是“自信”，它能挖掘出你蕴藏的潜力；第六匹马是“自己”。对于这第六匹马，作者这样写道：“这是最后一匹马，它能力低下、不好驾驭而且秉性乖戾难测。但是，人们经常想去骑它，尽管骑得好的人寥寥无几。那匹马就是你自己。

光靠单枪匹马地干，也许能在生产或生活上获得成功，但这并非易事。生意就像生活本身，是一项社会活动，既要有合作，也要有竞争。以销售为例，你不会把东西卖给自己，必须有人来买才行。所以要记住，获胜次数最多的未必是体重最轻、脑子最聪明或体质最棒的骑师。最好的骑师赢不了比赛。赢得比赛的通常是骑着最好的马的那位。所以，要给你自己找匹马骑，并且让它拼命地跑。

当然，在此过程中，我们千万不要低估自己的能力，如果你低估自己，别人也会轻看你！低估自己，消极的思想会使你的潜力处于休眠状态，你前进的动力和信心也会随之失去，机会、成功便会与你失之交臂。

有一天，我所在的一家公司想聘请一名编辑，而这项工作领导让我来负责。在我们打出招聘广告的第二天，有两位才能相差无几的年轻人前来应聘，就他们俩的能力而论，我很难决定二人的取舍问题。但他们的外在行为表现却有很大的差异，其中一位看起来不卑不亢，相当自信，另一位则显得信心不足，如果是你，你会决定聘用哪一位呢？

答案显而易见：后者与这一机会失之交臂了。

不要低估自己的能力，如果你低估自己，别人也会轻看你，尤其重要的是低估自己的人很难得到老板的重用，因为老板喜欢能力强的员工。

人们有权利按照自己的眼光来评价我们，我们认为自己有多少价值，就不能期望别人把我们看得比这更重。一旦我们踏入社会，人们就会从我们的脸上、眼神中判断，我们到底赋予了自己多高的价值。

如果别人发现我们对自己的评价都不高，别人又有什么理由要给他们自己添麻烦，来费心费力地研究我们的自我评价到底是不是偏低呢？很多人都相信，一个走上社会的人对自己的价值的判断，应该比别人的判断要更真实、更准确。

我们总担心别人会轻看自己。事实上，轻看自己的不是别人，往往是你自己！没有人能让你自觉低人一等；相反，如果你自己都看不起自己，又怎能让别人看得起你呢？

下面我要给大家介绍的是美国副总统亨利·威尔逊的故

事。

威尔逊出生在一个贫困的家庭。当他还在摇篮里咿呀学语时，贫穷就已经露出了它狰狞的面孔。威尔逊深深地体会到，当他向母亲要一片面包而她手中什么也没有时是什么滋味。他在10岁时就离开了家，当了11年的学徒工，每年可以接受一个月的学校教育，最后，在11年的艰辛工作之后，他得到了1头牛和6只绵羊作为报酬。他把它们换成了84美元。从出生一直到21岁那年为止，威尔逊从来没有在娱乐上花过1美元，每美分都是经过精心算计的。

他说："我完全知道拖着疲惫的脚步在漫无尽头的盘山路上行走是什么样的痛苦感觉。我不得不请求我的同伴丢下我先走……"在他21岁生日之后的第一个月，他带着一队人马进入了人迹罕至的大森林去采伐那里的大圆木。每天，他都是在天际的第一抹曙光出现之前起床，然后就一直辛勤地工作到天黑后星星探出头来为止。在一个月夜以继日的辛苦劳作努力之后，他获得了6美元作为报酬。当时在他看来这可真是一个大数目啊！每个美元在他眼里都跟晚上那又大又圆、银光四溢的月亮一样。在这样的穷途困境中，威尔逊下定决心，不让任何一个发展自我、提升自我的机会溜走。很少有人能像他一样深刻地理解闲暇时光的价值。他像抓住黄金一样紧紧地抓住了零星的时间，不让一分一秒无所作为地从指缝间溜走。

在他21岁之前，他已经设法读了1000本好书——想一想看，对一个农场里的孩子，这是多么艰巨的任务啊！在离开农场之后，他徒步走到100英里之外的马萨诸塞州的内蒂克去学习皮匠手艺。他风尘仆仆地经过了波士顿，在那里他可以看见许多历史名胜。整个旅行只花费了他1美元6美分。一年之后，他已经在内蒂克的一个辩论俱乐部脱颖而出，成为其中的佼佼者了。后来，他在马萨诸塞州的议会发表了著名的反对奴隶制度的演说，此时距他来到这里尚不到八年。12年之后，他就进入国会了。

成功之路不可能总是宽阔平坦，在逆境中仍能存活下去，才是真正的强者。所以，我们要多问一问自己，我们是强者吗？如果我们不是，我们应该做强者。总之一句话，我们要成为强者，我们千万不要低估自己的能力。

低估自己的能力，也就是信心不足，缺乏自信心，总觉得自己技不如人。简单地说就是自卑，具有低人一等的心态。

一个人内心的想法往往会通过其外在行为不折不扣地反映出来，行为是内心想法绽放的花朵，如果你低估自己的能力，从内心轻看自己，那么内心所绽放的行为之花就一定是自卑的。

有一名白人青年，失业在家，喜欢写作，经常在报纸上发表一些小文章。一天，他的母亲指着一则招聘启事对她的独生子说："你看，有家报社需要编辑，你快去试试看！"

"我不一定行。"这位青年答道。

"为什么？"母亲问。

"没有学历。"儿子回答说。

"或许你发表的作品能打动报社的总编辑。"母亲说。

"有那么多的大学毕业生去应聘，怎么会看上我呢？"儿子说。

"你见过总编了吗？"母亲问她的儿子。

"没有。"儿子回答说。

"你了解过全部竞争对手吗？"母亲又问。

"没有。"儿子说。

母亲不解地问："那你究竟怕什么？"

是啊，这位白人青年到底害怕什么？难道担心自己不是其他应聘者的竞争对手？其实他现在最大的对手不是任何其他人，而是他自己。只有他战胜了自己，满怀信心地去应聘，才有可能成功。否则，如果他怀着这种低人一等的心态前去应聘，在总编面前所表现出来的一言一行都会很明显地带有不自信的烙印。显然其成功的概率很低，因为任何一个老板都不喜欢“能力差”的员工。

自卑是一种消极对抗的态度，是一种极端的心理自卫行为。因为这样就可以有充足的“理由”原谅自己的无能。当面对比自己卓越、优秀的人时，不是反问自己：为什么我得不到老板的重用，我究竟差在哪儿？而是告诉自己：我技不如人，能力有限，仅此而已。我们上面提到那位失业青年就是一个典型的例子。

长此以往地低估自己的能力，一个人就会渐渐地形成一种自卑的性格，更有甚者对其产生非理智的情感——把完美者脸上的黑斑视作美人痣,根深蒂固之后，便成为一个在其性情中难以抛弃缺陷的人。

一般而言，人们往往是在经受了挫折、困难的打击之后，自信心开始贬值，以致不能正确、客观地认知自我，久而久之便形成了一种自卑心理，亦即过低地估计自己的能力。比如，一个人满怀信心地去找工作，在参加了多次招聘会，应聘了多家单位后，所得到的都是同一个结果——被拒绝。此时往往会对自己的能力产生怀疑，甚至否定自我。在这种状态下再去应聘，在招聘者面前，自己对自己都没有信心，又怎能祈求招聘者信任你呢？

可见，一个人如果低估自己的能力，在择业过程中会处于劣势地位。即使是你现在已经步入社会，处于工作岗位上，过低地估计自己的能力也会使你与重要的位置无缘。因为老板不可能把一项重要的任务交给一名“能力差”的员工去做。

潜能激发：放下你的消极意识

消极意识是进取的最大敌人。对于一位渴望事业有成的人来说，低估自己的能力是通往成功路上的一道巨大的无形屏障。因为它对人的进取心具有极大的破坏性，更有甚者它使人丧失进取心，自甘平庸，最后走上自取灭亡的道路。

小张是一家火车餐车上的司闸员，铁路上的人都非常喜欢他，旅客们也非常喜欢他。因为他总是乐呵呵的，无论你问他什么问题，他都快乐地回答。但是，他总是过于松散，有时候还喝点酒。要是有人向他提意见的话，他总是绽放出他那特有的灿烂微笑，用极其平和的语调说："谢谢您的关心，没关系的，我感觉好极了。不用担心。"他的语调是那么的平和，那么的轻描淡写，连提醒他的朋友都觉得自己是不是有点小题大做，将危险夸张了。

在一个寒冷的晚上，路上遇到了大风暴。他们的火车晚点了。小张开始不停地发着牢骚，抱怨这个鬼天气给自己带来了许多额外的事情，他不时偷偷地从一个小瓶子里往嘴里倒一点酒。不一会儿，他开始兴奋起来，显得很高兴，又开始说说笑笑了。而火车上的列车员与司机都一直保持着高度的警惕，密切地注视着路面情况与天气变化。

就在火车行驶到两个火车站中间的时候，火车猛然间停下来了。原来是火车引擎的气缸盖爆裂了。情况非常的危急，因为过几分钟就有一辆快车要从同一条轨道上经过。列车员飞快地跑到后车厢去，告诉小张赶快打开红灯让火车向后退。这个司闸员哈哈大笑说："不用急，不用急，等我把外衣穿上再说。"

列车员非常严肃地对他说："一分钟也不能再耽误了，那辆快车就要开过来了。"

"好好好。"小张微笑着答应道。于是，列车员又匆匆跑到司机那儿。

可是，这位司闸员并没有立刻做这件事。他先停下来，穿好他的外衣。然后，又把那一小瓶酒掏出来喝了一口，想这样可以御寒。做完了这些后，他才慢吞吞地拿起灯笼，一边自在地吹着口哨，沿着火车轨道悠闲地踱着步子。他走了还没有十步远的时候，就听见那辆快车呼啸而来的声音。他拼命地往拐弯处跑。

但是已经太晚了。可怕的事情发生了。那辆飞驰而来的列车一下子撞在了停着的餐车上，将餐车挤成一团，旅客的尖叫声与蒸汽的嘶嘶声交织在一起，一片混乱，一片狼藉。

后来，人们想起来了，问小张哪儿去了。他失踪了。后来人们在街头看见了一个疯子，手里还拿着一个空荡荡的灯笼，对着人说："喂，看见我有这个吗？"

小张疯了。

可见，如果一个人消极地对待自己，给人的不是小小的挫折或者短暂的失败，有可能是致命的打击。

这就是说，消极思维的结果，形成了被消极环境束缚的人。消极思维者就像把整个鸡蛋连壳吞掉的人。他不敢挪动身体，害怕鸡蛋会弄破，又不敢坐着不动，生怕鸡蛋会孵出小鸡。

持续的消极思维会产生以下六种结果：

第一种：消极思维会在关键时刻散布疑云。

一个人在生活中老是寻找消极东西的话，就会成为一种难以克服的习惯。这时候，即使出现好机会，这个消极的人也会看不到，抓不着。他会把每种情况都看作一个障碍接着一个障碍。

障碍与机会之间有什么差别呢？主要在于人们对待事物的态度。亚伯拉罕·林肯被认为是美国历史上最伟大的总统。林肯说过："成功是屡遭挫折而热情不减。"正确的做法是，在彻底考察事物积极面之前，决不接受消极的东西。积极思维的习惯养成之后，人们就比较容易在关键时刻做出明确的决定。

第二种：消极思维有传染性。

俗话说："毛色相同的鸟聚成一群。"这话实在很正确。物以类聚，人以群分。聚在一块儿的人则互相影响，逐渐靠拢而变成一个样。

人们大概注意到结婚多年的夫妇行为逐渐变得一样，甚至连外貌也相似。而思维方式的同化是最明显不过的。跟消极思维者相处得太久了，你就会受他的影响。接触消极思维者就像接触到原子辐射。如果辐射剂量小，时间短，你还能活，但持续辐射就要命了。

第三种：消极思维使人悲观。

你大概跟事事悲观的人接触过。譬如屋顶漏水，这种人就认定暴风骤雨就要来临。他们把人生看成一片灰暗，大难临头。这些人的座右铭就跟墨菲定律一样，你大概听说过墨菲定律："任何事情都没有表面看起来那么简单；任何事情所费时间都比你预期的多；会出错的事总会出错；如果你担心某种情况发生，那么它就更有可能发生。”

然而，用麦克斯韦尔定律看待人生，则是：“任何事情都看似很难，实质不难；任何事情都比你预期的更令人满意；任何事情都能办好，而且是在最佳的时刻办好。”

信奉墨菲定律的人，消极思维使他们从错误的角度看事情。而成功人士则总是从最佳的角度看待机会，做出判断。

第四种：消极思维使希望泯灭。

看不到将来的希望，就激发不出现在的动力。消极思维摧毁人们的信心，使希望泯灭。它慢慢地，但不停地使消极思维者意志消沉，失去任何动力。

第五种：消极思维限制了人的潜能。

消极思维者不但想到外部世界最坏的一面，而且想到自己最坏的一面。他们不敢企求，所以往往收获得更少。遇到一个新观念，他们的反应往往是：“这是行不通的，从前没有这么干过。没有这主意不也过得很好吗？这风险冒不得，现在条件还不成熟，这并非我们的责任。”

所罗门国王据说是世界上最明智的统治者。在《圣经》箴言编23章第7节中，所罗门说：“他心怎样思量，他的为人就是怎样。”

换言之，人们相信会有什么结果，就可能有什么结果。人不可能取得他自己并不追求的成就。人不相信他能达到的成就，他便不会去争取。当一个消极思维者对自己不抱很大期望时，他就会给自己取得成功的能力封了顶。他成了自己潜能的最大敌人。

第六种：消极思维使人不能享受人生。

在人生的整个航程中，消极思维者一路上都在晕船。无论目前的境况如何，他们对将来总是感到失望。许多人信奉的是索姆定律：凡是事情看好的时候，你肯定疏忽了某些东西。

在消极思维者眼中，玻璃杯永远不是半满的，而是半空的。他们预期得到人生中最糟糕的东西——而且确实会得到。这些人使我想起一个年轻的登山者。那时他正在跟一个经验丰富的向导在白雪覆盖的高山上攀登。一天清晨，这个年轻的登山者忽然被一阵巨大的爆裂声惊醒。他以为是世界末日了。这时，老练的向导告诉他："你听到的不过是冰块在阳光下碎裂的声音。这不是世界末日，而是新的一天的开始。"

如果我们想把人生尽情发挥，展现我们的潜能，享受人生之旅，我们就必须在任何环境中乐观积极。

合理安排你的时间

你安排运用自己时间的能力是获得成功必须具备的最重要的技能之一。如何有效地运用时间，对我来说一直是一项巨大的挑战。我发现自己经常为了满足各种各样的人方方面面的要求而忙得晕头转向，应接不暇。也常常发现自己胡乱忙于一些完全可以避免的杂事。

在大多数人眼中，如何有效地安排运用时间使人生变得更复杂。他们发现自己必须学会安排时间才能获得成功，必须清除抛弃一些琐屑杂事以便为重要事务腾出更多的时间。

如何向他人指派任务曾是我面临的一项最艰巨的挑战。在一生中的大多数时候，我几乎总是事事都想亲力亲为。作为一个完美主义者，我认为只有我自己才能准确无误地完成一项任务。每当我考虑让其他人去为我完成这些事的时候，我就会想："他们一定做不好的，我肯定会重新返工。"于是我会打消假手于人的念头，最终可能还是自己完成了。与他人一起分担责任是件很困难的事。

事后回想，我才发现我的这种想法降低了工作效率和生产力。现在我正在努力地改变我的心态。

大多数人都有一种使一切尽在自己掌握之中的心理需要。他们害怕让其他人对事情的结果负责。

我现在已经认识到，虽然你非常有必要了解完成整个任务的每个环节，但是每一环节都亲力亲为却并非明智之举。如今我只负责去做自己最擅长的部分，其余的工作雇别人来完成。我不会亲自修理自己的车，我不会去修理家中的下水管道。

我把这些工作都交给相关领域的专家们，让他们去做那些自己最擅长的工作。由此，我不仅消除了那一类麻烦事给我带来的头痛沮丧，还将自己解放出来自由地去做我那些更重要的事，那些我精通擅长的事，那些人们支付酬劳让我去做的事，那些我能从中收获无限乐趣的事。

只需要把时间用来做最擅长、最能发挥你优秀才能的事情。把其他一些无关紧要的事交给其他人来完成。

把你的时间安排来做那些能产生最大效益的事情。专心致志地去完成正确的任务，远比仅仅正确地完成任务要重要百倍。关键在于选择最适合自己的任务。

一寸光阴一寸金，你的时间是珍贵无价的，你所虚度的每一分钟将消逝无踪，永不再来。这正如劳顿所说：“时间一去永不再返。失去一个朋友还可能再找回来；失去金钱可以再赚回来；错过的良机也可能会再来。然而，被懒散所耗费的时光永远不可能回来。晚餐后的闲适时间，有人将之利用，最终获得事业的成功；也有人贪于享受，致使事业毁于一旦。”

“那本书要多少钱？”一个在富兰克林书店的门厅徘徊了一个小时的男子问道。

“1美元，”店员回答道。

“要1美元！”那个徘徊良久的人惊呼道，“你能便宜一点吗？”

“没法再便宜了，就得1美元。”

这个颇有购买欲望的人又盯了一会儿那本书，然后问道：“富兰克林先生在吗？”

“在的，”店员回答道，“他正忙于印刷间的工作。”

“哦，我想见一见他。”这个男子坚持道。

书店的老板富兰克林被叫了出来，陌生人再一次问：“请问那本书的最低价是多少，富兰克林先生？”

“1.25美元。”富兰克林斩钉截铁地回答道。

“1.25美元！怎么会这样子呢？刚才你的店员说只要1美元。”

“没错，”富兰克林说道，“可是你还耽误了我的时间，这个损失比1美元要大得多。”

这个男子看起来非常诧异，但是，为了尽快结束这场由他引起的谈判，他再次问道：“好吧，那么告诉我这本书的最低价吧。”

“1. 5美元。”富兰克林回答道。

“1.5美元！天哪！刚才你自己不是说了只要1.25美元吗？”

“是的，”富兰克林冷静地回答道，“可是到现在，我因此所耽误的工作和丧失的价值要远远大于1. 5美元。”

时间就是金钱，时间就是价值。从富兰克林这位深谙时间价值的书店主人身上你知道时间的宝贵了吗？你有珍惜时间、充分利用时间的好习惯吗？

学会舍弃和放弃一些细枝末节，不要为了千方百计想节省几美元而不惜耗费大量宝贵的时间。在决定着手实施一项工程之前，先详细地做一个成本估算。问问自己这工程将占用自己多少时间，而完成它是否将为你带来相应合算的回报和效益。通过这样的估算，你时常会发现有些事情对你没有太大的益处，放弃反而更好一些。

不要为了自己所受的一些无关紧要的不公正对待和委屈而浪费时间来据理力争。忘掉那些令人不愉快的琐屑小事，集中精力去完成下一个任务。

有些人说话喜欢长篇大论，滔滔不绝，要他们精简谈话简直是不可能的事。他们常常乐此不疲、口若悬河地谈论一些絮絮叨叨的琐屑话题，而不是爽快利落地陈述完自己的观点就结束谈话。

商业成功的关键在于你是否具备专心致志处理手中重要事务并能持之以恒地去完成下一个任务的能力。要彬彬有礼地与人交谈，使自己的谈吐简洁有力，富有成效。这无论对你或他人而言都是有益的。

有效安排时间的另一个难题是如何拒绝他人，学会对他人说“不”。如果有人邀请你去做什么事，但你实在抽不出空余时间去完成，那么你就将自己的实际情况告诉对方，坦诚谢绝对方的邀请。你的时间是宝贵的有限的，而事情是永远做不完的。不要对自己过于严苛，过量耗损自己的精力。

学会合理高效地运用自己的时间能助你获得成功。每天花一点时间来分析自己的日常活动，由此明确自己是如何运用时间的，对一切情势了然于胸。仔细评估每一项活动的价值和重要性，放弃并排除那些效益最少的事务。

将自己每一天、每一周以及每一个月必须完成的任务按照重要性的大小等级列成一个详尽清晰的表单。然后，着手去完成其中最重要的任务，将这种办事方式变成自己的习惯，坚持不懈地做下去，你就会获得成功。

潜能激发：专心做好每件事

楚国有位钓鱼高手名叫詹何，他钓鱼与众不同：钓鱼线只是一根单股的蚕丝绳，钓鱼钩是用如芒的细针弯曲而成的，而钓鱼竿则是楚地出产的一种细竹。凭着这一套钓具，再用破成两半的小米粒作钓饵，用不了多长时间，詹何从湍急的百丈深渊激流之中钓出的鱼便能装满一辆车。回头再去看他的钓具：钓鱼线没有断，钓鱼钩也没有直，甚至连钓鱼竿也没有弯！

楚王听说了詹何竟有如此高超的钓技后十分称奇，便派人将他召进宫来，询问其垂钓的诀窍。

詹何答道："我听已经去世的父亲说过，楚国过去有个射鸟能手，名叫蒲且子，他只需用拉力很小的弱弓，将系有细绳的箭矢顺着风势射出去，一箭就能射中两只在高空翱翔的黄鹏鸟。父亲说，这是由于他用心专一、用力均匀的结果。于是，我学着用他的办法来钓鱼，花了整整5年的时间，总是全身心地投入，只关心钓鱼这一件事，其他什么都不想，全神贯注，排除杂念，在抛出钓鱼线、沉下钓鱼钩时，做到手上的用力不轻不重，丝毫不受外界环境的干扰，这样，鱼儿见到我鱼钩上的钓饵，便以为是水中的沉渣和泡沫，于是毫不犹豫地吞下去。因此，我在钓鱼时就能做到以弱制强、以轻取重了。"

这就是成功的秘诀：将力用在一个方向上。

美国曾经有过这样一位商业奇才。他一离开大学就做生意，而且几乎从没有亏本过。这样傲人的成绩，使他对自己的能力非常自信。后来，他开始涉足多个行业，如股票投资、房地产投资、广告，甚至他还意气风发地对文化事业进行投资。但是，正在他向多方面进军的时候，却接二连三地收到投资失败的消息，资本亏损很大。等他冷静下来仔细思考的时候，才发现自己的创业目标太散了，凭自己的精力根本无法顾及所有的行业。于是，他抛开以前的得意忘形，认认真真地做起自己最拿手的行业，没过几年，人们又看见以前那个叱咤风云的商业奇才了。

一个人的精力总是有限的，如果他想在各个领域都取得成功，几乎是不可能的。目标太多，力量分散，只能一事无成。我们只有专心致志地去做一件事，然后集中用力，才能取得好的成绩。

英国政治家、小说家爱德华·得顿说："有许多人看到我整日里如此忙碌，事无巨细无不顾及，竟然还能有时间来从事学问研究，他们都免不了奇怪地问我：'你怎么会有那么多时间来完成了这么多的著述呢？你究竟有什么分身之术，可以做完这么多工作呢？'或许我的回答会令你大吃一惊，答案就是——'我之所以能做到这一点，是因为我从来不同时做好几件事，'一个能从容自若地安排好工作的人肯定不会让自己过于劳累。换句话说，如果他在今天疲于奔命的话，那么随之而来的必定是疲劳和困乏，这样的话，他明天就不得不减慢工作节奏，所以结果就是得不偿失。我认为，我真正专心致志的学习是从离开大学校园跨入社会之后开始的。到现在为止，我觉得在生活阅历和各种知识的积累方面，跟同时代的绝大多数人相比，自己毫不逊色。我游历了很多地方，所见甚广；除此之外，我在各地出版了大约六十卷著作，其中涉及的许多课题是需要深入研究的。你认为通常一天中我会有多少时间用来研究、阅读和写作呢？我可以告诉你，不到三个小时；在国会开会期间，可能连三个小时都没有。然而，在这三个小时内我都会专心致志地工作，并且心无旁骛，用心极专。”

所以说，只要我们对所有事情都能做到专心致志、心无旁骛，就完全有可能取得成功，而关键也就在于此，我们是否用心够专呢？

毅力和恒心有没有

在人类智慧发展的历史中，几乎没有任何一个诗人、艺术家、哲学家或科学家的天才没有被他们的父母或老师反对过。在这些例子中，那些天才都是靠着顽强的毅力，克服了重重的干扰才获得了胜利。

1942年2月，哥伦布失望地离开了爱尔罕布拉宫，他原先希望争取西班牙国王斐迪南和王后伊萨贝拉的支持，但没有成功。他骑着骡子，缓缓地出了宫门，考虑应该往哪里去。此时此刻他看上去头发花白，精神也十分萎靡，脑袋耷拉着，几乎碰到了骡子的背上。

他从幼年开始就抱着一个念头，认为地球是个球体。当时，人们在距离海岸线四百英里远的海上发现了雕有图案的木片，还在葡萄牙海滨发现了雕有图案的木片，还在葡萄牙海滨发现了两具尸体，从人体特征上判断，他们和已知的人种都不一样。哥伦布相信，这些尸体就是从遥远的西部一些还不为欧洲人知道的岛屿上漂流过来的。他曾经指望葡萄牙国王能够出资，资助他进行海上航行，以便发现那些遥远的岛屿。然而，国王约翰二世一方面假惺惺地答应帮助他，另一方面却暗地里派出了自己的考察队。哥伦布最后的一线希望破灭了。

哥伦布四处乞讨，靠给别人画各种图表为生。他的妻子也已经离他而去，他的朋友也都把他当作疯子，对他不闻不问。斐迪南和伊萨贝拉身边的智囊人物，对他所谓的往西航行就可以到达东方的理论也嗤之以鼻。

“可是，既然太阳、月亮都是圆的，为什么地球不能是圆的？”哥伦布问道。

“如果地球是球体，靠什么支撑它？”那些智囊问。

“那太阳、月亮又是靠什么来支撑的呢？”哥伦布反问道。

“如果一个人头朝下、脚朝上，就像天花板上的苍蝇一样，你觉得这可能吗？”一位博士继续问哥伦布，“树根如果在上边，它可能生长吗？”

“池塘里的水也都会流出来，我们也就站不起来了。”另一位哲学家补充道。

“这也不符合《圣经》上的说法。《以赛亚书》上说：‘苍穹铺张如幔’，这说明地球显然是平直的，说它是圆的，那是异端。”牧师也加入了辩论。

哥伦布对他们不再抱任何希望，就在他转念想去为查理七世效力的时候，突然出现了转机。伊萨贝拉的一个朋友对她建议说，万一哥伦布的说法是对的，那么，只要一笔很小的花费，就可以大大地抬高你统治的声望。“好的，”伊萨贝拉同意了，“我把我的珠宝拿去抵押，就算是给他的经费。喊他回来。”

就这样，哥伦布转过了身子，同时世界也转了个身。可是，他的航行还有别的问题，没有一个水手愿意和他一起出海，幸好国王和王后用强制手段下了命令，让他们必须去。于是，他们乘坐“平塔号”帆船出了海。他们的船很小，比平常的帆船大不了多少，而且刚刚启程三天，船舵就断了。水手们内心都有一种不祥之兆，一时情绪非常低落。哥伦布就向他们描述了一番他所知的印度的景象，描述了一番那儿遍地的金银珠宝，好不容易才让水手们的情绪稳定下来。

船驶过加那利群岛以西两百英里后，他们的磁针不再是朝着北极的方向了。水手们说什么也不肯再往前走，一场叛乱几乎迫在眉睫。这时候哥伦布又向他们解释，说北极星其实并不在正北方，最后总算说服了他们。当船航行到距离出发地两千三百英里远（哥伦布故意骗他们说只有一千七百英里远）的时候，他们发现了有樱桃木在水面上漂流，船周围时常有一些陆地上的鸟飞过，还从水里打捞起了一块很奇怪的雕有图案的木片。到了1492年10月12日，哥伦布把西班牙王国的旗帜插在了新大陆上。

没有恒心、没有毅力，哥伦布也无法走到新大陆去。没有恒心，没有毅力，也不可能走到成功的彼岸去。

事实再一次证明了这一点：有志者，事竟成。

一些伟大的作家之所以能够成名，都是由于他们的坚忍不拔。他们的作品并不是凭借着天才的灵感一蹴而就成功的，他们往往是经过精心细致的雕琢和反反复复的修改，直到最后把一切不完美的痕迹都除掉，人们才领略到艺术的高贵典雅。

古罗马的大诗人维吉尔的传世之作《埃涅阿斯纪》是用了21年时间才完成的，俄国大文豪列夫·托尔斯泰的作品《安娜·卡列尼娜》是他用了整整8年的时间反复构思、反复修改，最终才把一部关于家庭私生活的小说改编成了一部具有鲜明时代特征的社会小说的；亚当·斯密写作《国富论》用了10年的时间；孟德斯鸠写作《论法的精神》用了整整25年的时间。透过这些伟大的作品，我们的确可以体会到作家的艰苦劳动。他们为了完成一部作品，往往要花费几年甚至几十年的心血。如果没有坚强的恒心与毅力，他们是不可能做到这一点的。

正因为人类有了恒心和毅力，才有了埃及平原上宏伟的金字塔，才有了耶路撒冷巍峨的庙堂；因为人类有了恒心与毅力，才有机会登上了气候恶劣、云雾缭绕的珠穆朗玛峰，才会在宽阔无边的大西洋上开辟了航道；正是因为有了恒心和毅力，人类才夷平了新大陆的各种障碍，建立起了人类居住的共同体。恒心与毅力让天才在大理石上刻下精美的创作，在画布上留下了大自然恢宏的缩影。恒心与毅力创造了纺锤，发明了飞梭；恒心与毅力使汽车变成了人类胯下的战马，装载着货物翻山越岭，在天南地北往来穿梭；恒心与毅力让白帆撒满了海上，使海洋向无数民族开放，每一片水域都有了水手的身影，每一座荒岛都有了探险者足迹。

凡事不能持之以恒，正是很多人最后失败的根源。一切领域中所有的重大成就无不与坚忍不拔的毅力有关。从某种意义上来说，成功更多依赖的是人的恒心与毅力，而不是天赋与才华。英国著名的外交官布尔沃说："恒心与毅力是征服者的灵魂，它是人类反抗命运、个人反抗世界、灵魂反抗物质的最有力的支持，它也是福音书的精髓。"

才华固然是我们所渴望的，但恒心与毅力却更能让我们成就斐然。

潜能激发：在思考中获得成长

传统的想法会冻结你的心灵，阻碍你的进步，干扰你的创造力。所以你要不断地调整自己思考事物的方式，让自己在思考中获得成长与进步。

麦考梅克曾跟一位不仅球技一流、又是位哲学家的高尔夫球选手打过球。在球场上一路走下去，那人口中不时说出发人深省的箴言，其中有一句令他终生感念。

麦考梅克把球打到一堆高草丛里，走到球所在的位置后说："你看，这位置多糟糕，要打出去得费一番工夫。"

那位哲学家微笑着对他说："我好像在你书里读到过积极思考这回事嘛！"

麦考梅克很不好意思地承认了。

那人说："我不会尽往坏处去想这球的位置。你认为如果球落在整修过的球道上，就会比较好打吗？"

麦考梅克点头称是。

那人继续说："为什么你觉得那里好打，这里难打？"

"因为那边草短，球可以走得比较顺。"

忽然那人有个奇怪的提议："我们趴下来看看，看这球的位置究竟如何。"

于是他们屈身趴下，那人说："你看这球在此处的相对高度跟在球道上差别不大，唯一不同之处是多了五六英寸高的草。”更怪异的是，那人又说：“你看这草的质地和特性。”说着拔起一根草给他：“咬咬看，是不是很软？”

“不错，这草看起来是如此。”

“那只要轻挥五号杆，就能穿越这草丛。”接着他所说的那句话令麦考梅克终生难忘——他说：“困难只是心理上的。”

到现在麦考梅克还记得当时的感觉——他干净利落地一击，球落在果岭边缘，他心中充满着感动、兴奋与成就感。

朋友，困难只是心理上的，对于善于思考的人来说，困难根本不存在。你善于思考吗？我们一定要乐于接受各种创意。要摒弃“不可行”“办不到”“没有用”“那很愚蠢”等思想渣滓。

要主动前进，而不是被动后退。

想一想，如果公司的经理们总想：“今年我们的产品产量已达极限，进一步发展是不可能的。因此，所有工程技术的实验以及设计活动都将永久性地停止。”用这种态度进行管理，即便是强大的公司也会很快衰败下去。

成功的人就像成功的企业一样，他总是带着问题而生存的：“我怎么才能改进我的表现呢？我如何做得更好？”做任何事情，总有改进的余地，成功者能认识到这一点，因此，他总在探索一条更好的道路。

突破常规不仅要求打破传统思维，建立理性的思维，还要求人们敢于幻想。每一个人都具有想象力，而想象力正是创造力的源泉。将梦境所见尽量描绘出来，就是一种想象力的运作；发明一样东西或创造一样东西，也都是在发挥想象力。

想象力丰富的人，好奇心会比别人强10倍。

一个人如果缺乏好奇心，却想做一位出色的实业家，那是相当困难的。好奇心强烈的人，不但对于吸收新知识抱有高度的热忱，并且经常搜寻处理事物的新方法。因此，一个人如果没有了好奇心，就不可能花心思研究新事物，只能是遵循前人的步伐原地踏步而已，更不用说会取得惊人的成就了。

怀有热忱地工作

我们每个人的身上都蕴藏着巨大的力量，只要我们运用自身的热忱，就能将力量充分发挥出来，创造出一个又一个奇迹。

有一次，在一个浓雾之夜，拿破仑·希尔和他母亲从新泽西乘船渡江到纽约的时候，母亲欢叫道："这是多么令人惊心动魄的情景啊！"

"有什么出奇的事情呢？"拿破仑·希尔问道。

母亲依旧充满热情，"你看呀，那浓雾，那四周若隐若现的光，还有消失在雾中的船带走了令人迷惑的灯光，那么令人不可思议。"

或许是被母亲的热情所感染，拿破仑·希尔也着实感受到厚厚的白色雾中那种隐藏着的神秘、虚无及点点的迷惑。拿破仑·希尔那颗迟钝的心得到了一些新鲜血液的渗透，不再没有感觉了。

母亲注视着他说："我从没有放弃过给你忠告。不论以前的忠告你接受不接受，但这一刻的忠告你一定得听，而且要永远牢记。那就是：世界从来就有美丽和兴衰的存在，它本身就是如此动人、如此令人神往，你自己必须对它敏感，永远不要让自己感觉迟钝、嗅觉不灵，永远不要让自己失去那份应有的热情。”

拿破仑·希尔一直没有忘记母亲的话，而且也试着去做，就是让自己保持那颗热忱的心以及那份热情。最终，他也成为一名著名的成功学家，给千千万万的人送去热忱。

美国政治家亨利·克莱曾经说过：“遇到重要的事情，我不知道别人会有什么反应，但我每次都会全身心地投入其中，根本不会注意身外的世界。那一时刻，时间、环境、周围的人，我都感觉不到他们的存在。”

一位著名的金融家也有一句名言：“一个银行要想赢得巨大的成功，唯一的可能就是，它雇用一个做梦都想把银行经营好的人做总裁。”原来是枯燥无味，毫无乐趣的职业，一旦投入了热情，立刻会呈现出新的意义。一个陷入爱河的年轻人，往往会有更敏锐的感觉，会在他所爱的人身上，看到其他人都看不到的种种优点；同样，一个受热情支配的年轻人，他的感觉也会因之变得敏锐，可以在别人看不到的地方发现动人的美丽。这样，即使再乏味的工作、再艰难的挑战，都可以坚韧地承受下来。

狄更斯曾经说过，每次他构思小说情节时，几乎都寝食不安，他的心完全被他的故事所萦绕、所占据，这种情形一直要持续到他把故事都写在纸上才能结束。为了描写一个场景，他曾经一个月闭门不出；最后再来到户外时，他看起来形容憔悴，简直像一个重病人一样。笔下的那些人物让狄更斯成天魂牵梦萦，茶饭不思。

有一个年龄只有12岁的小男孩，钢琴弹得非常熟练。一次，他问伟大的作曲家莫扎特："先生，我想自己写曲子，该怎么开始呢？"莫扎特说道："哦，孩子，你还应该再等一等。""可是，您作曲的时候比我现在的年龄还小啊？"小孩不甘心地继续问。"是啊是啊，"莫扎特回答说，"可我从来不问这类问题。你一旦到了那种境界，自然而然就会写出东西来的。"

英国政治家格莱斯顿曾经说过，最有意义的事情莫过于把一个孩子内心潜藏的热情激发出来。事实上，每一个孩子身上或多或少都有一些将来可以成就大器的潜质，不仅那些反应敏捷、聪明伶俐的孩子是这样，那些相对木讷、甚至看起来有些愚钝的孩子也有这样的潜质。他们一旦产生了热情，凭借这种热情的力量，原先人们在他们身上看到的"愚钝"也会慢慢消失。

盖斯特原本只是一个无名小辈，但她第一次在舞台上露面时，立刻就让人感觉到她的前途不可限量。她演唱时所投入的热情，使听众几乎都像被催眠了一样。结果，她登台演出不到一星期，就成了众人喜爱的明星，开始了独立的发展。她有一种提高演唱技艺的强烈渴望，于是，她把自己全部的心志都用在了这一方面。

爱默生的一段话正可以做这一事例的注解，他说："人类历史上每一个伟大而不同凡响的时刻，都可以说是热情造就的奇迹。穆罕默德就是一个例子，他是位阿拉伯人，在短短的几年内，从无到有，建立起一个比罗马帝国的疆域还要辽阔的帝国。虽然他的战士没有什么盔甲，却有一种崇高的理念在背后支撑着，所以其战斗力丝毫不亚于正规的骑兵部队；他们的妇女也和男子一样在战场上纵横驰骋，杀得罗马人溃不成军。他们武器虽然落后，粮草严重不足，但军纪严明，从来不去抢夺什么酒肉，而是靠着小米大麦最后征服了亚洲、非洲和西班牙。他们的首领用手杖一敲地，人们简直比看到一个人拿着刀枪还要害怕。”

拿破仑发动一场战役只需要两周的准备时间，换成别人也许会需要一年。这中间的差别，正是因为他那无与伦比的热忱。战败的奥地利人目瞪口呆之余，也不得不称赞这些跨越了阿尔卑斯山的对手：“他们不是人，是会飞的动物。”拿破仑在第一次远征意大利的行动中，只用了15天时间就打了6场胜仗，缴获了21面军旗，55门大炮，俘虏了15000人，并占领了皮德蒙特。

在拿破仑这场辉煌的胜利之后，敌军中的一位奥地利将领愤愤地说：“这个年轻的指挥官对战争艺术简直一窍不通，用兵完全不合兵法，他什么都做得出来。”但拿破仑的士兵也正是以这么一种根本不知道失败为何物的热忱跟随着他们的长官，从一个胜利走向另一个胜利。

潜能激发：勇气足够吗

每个人都有巨大的力量，但它只有在勇气的推动下才能发挥出来，否则它将沉睡终生。

在某个公园里，拴着一头大象。拴大象的铁链是很细很细的，只要大象稍一用力，就可以拉断。但它却从来没有要拉断的意思。

“它为什么不将铁链拉断呢？”一位游客问。

“它还很小时，我们就用这根铁链拴着它，”管理人员说，“那时，它的力气很小，它一次又一次的失败，让它产生了一个牢固的意识：它永远都没有能力拉断这根铁链。这个意识一直影响着它。于是，它不再尝试拉断铁链，而安于被拴着的命运——以至于到长大后的今天，它有能力拉断时自己却不知道。”

其实，很多人的遭遇也是这样。在他们成长的岁月里，他们要经历一次又一次的打击，他们也一次又一次地和命运抗争，可抗争都失败了。于是，他们渐渐顺从了命运，渐渐地失去了和命运抗争的勇气，渐渐地连抗争的想法都没有了，以至于在他们有能力击败命运时，却依然在颓丧地安于命运的摆布。

事实上，勇气可以点亮我们成功之路的导航灯。世界著名的戴尔计算机公司的创始人迈克尔·戴尔就是凭借自己的勇气一步步走向成功的。

戴尔在上大学期间原本修的是医科。1984年他在奥斯汀的得克萨斯大学钻研医学，但是他对医学并不感兴趣，虽然医生在社会上是很有头面又赚钱的职业，可他想做的却是摆弄计算机。而计算机在当时虽然有人在做，但是整个计算机行业还没有打开局面。但这并不能阻止戴尔对计算机的热爱，他勇敢地迈出了自己的第一步，自己做点小生意，帮人把电脑升级换代。他的决定是正确的，虽说是个小生意，但这个副业却每月都能给他带来5万美元的收入。在电脑上他是个天才，同样，在经商上他也很有头脑。他做了与比尔·盖茨同样的决定——退学。这个决定也同样与比尔·盖茨的决定一样的英明，他创建了自己的公司——戴尔计算机公司。

勇气真是个神奇的东西，比尔·盖茨的勇气使他戴上了世界首富的王冠；迈克尔·戴尔的勇气让他的企业在世界500强中占了一席之地。

杰克·韦尔奇在来中国时，遇到了新浪网友提的这样一个问题："如果您回到30岁，没有什么事业，在现在的经济环境中，你还有取得今天成绩的勇气吗？"

韦尔奇的回答是："你能够让我回到30岁吗？如果说你是30岁，做一些一成不变的工作，就太遗憾了。放手去试试吧，去冒险吧，去做新的事情吧，去别的国家吧，要有勇气。勇气是一个巨大的礼物，不要浪费它。"

在勇气的天空下，没有办不到的事情。只要我们拥有勇气，我们便可以登上成功的天堂之路。

用策略创造未来

美国著名学者丹尼斯·威特勒教授通过对奥林匹克运动员、商业界总经理、宇航员、政府领导人等的多年研究，发现他们与普通人最大的区别就在于他们成功的态度——他们都具有自信心，他们都在利用自己的策略创造未来。

不仅威特勒如此，下面我要给大家谈的哈勒尔也是用策略创造未来的人。

在20世纪60年代，哈勒尔购进一种名为“配方409”的清洁喷液批发权，并在全国展开零售。到1967年，哈勒尔已经占有了美国清洁剂产品市场的5%。这一业绩引起了同行的眼红。

宝洁是家用日化品的“大象”，岂肯眼看着哈勒尔这只小蚂蚁独自赚大钱？被红眼病折磨得难受的宝洁迅速推出一种名为“省事”的清洁剂，想一举打败哈勒尔。

宝洁毕竟财大气粗，他们在包装、命名、促销方面，都做得轰轰烈烈，那架势是想立即让哈勒尔关门。他们甚至可以动辄就是数百万美元的投入，而不考虑是否立即有收获。

但是，宝洁忽视了小公司机动灵活的优势。

当哈勒尔得知宝洁将丹佛市作为新产品试销地，将在那里大肆促销时，他运用自己的游击战术，悄悄地将“配方409”从丹佛市撤出。

当然，他并不是将产品从货架上撤下来，因为那就成了逃跑了，会很快被宝洁发现。他是停止当地的广告和促销活动，当一些商店卖断货时，他也不补货。于是，宝洁在丹佛市的试销非常成功，试销小组的负责人洋洋得意地向总公司报告：“大获全胜！”

哈勒尔所要的，正是对手这种“胜利感”。因为对手获得这种胜利感后，就会信心十足，并产生“配方409”不堪一击，根本不用再考虑它的存在的想法，也就是不再把哈勒尔放在眼里了，这叫麻痹战术。

丹佛市的“成功”，使宝洁信心十足地展开了全国攻势。

但这个时候，哈勒尔开始还击了，他把16盎司装和半磅装的“配方409”一并以0.48美元的低价出售，比一般零售价低得多。这是降价战，哈勒尔没有资金进行长时期的支撑，但是，这一招可以使清洁剂消费者一次买够半年的用量。

哈勒尔先下手为强，当宝洁开始在全国各地销售产品时，绝大部分消费者家中都已经有了“配方409”，短时间内不会再考虑买别的清洁喷液，也不会关心新的清洁喷液了。也就是说，清洁喷液的消费者已不在市场上了。

这当然使宝洁的全国攻势收效甚微，和试销一对比，宝洁销售主管的信心受到严重打击，进而得到一个错误的结论：全国市场对清洁喷液需求量很小，市场容量太有限，不值一做。

当宝洁将产品撤回时，剩下的市场又是哈勒尔的了。

兵不厌诈。策略是必要的，否则就要碰壁。

潜能激发：改变对自己的态度

美国著名整形外科博士马克斯威尔 · 莫尔兹发现一些病人在做过整形手术后，会经历重大的人格变化。但是在其他的一些个案里，即使手术结果很成功，病人还是会把自己看成一个丑陋的或是一个无能的人，外在形象的改变对于真正的问题仍然没有丝毫的影响。他们内在的自我形象，也就是对自己的信心，还是没有改善。于是，莫尔兹博士让他们忽略自己的肉体，而去改变内在的自我态度，结果收到了良好的效果。

因此，当我们在生活和工作中遭遇到了失败和挫折后，不要怨天尤人，更不要找出各种各样的理由来为自己辩解，我们应该做的只有检视一下自身，然后从中找出原因和教训。古人说："知人者智，自知者明。"一个人可以不知人却不可以不自知，即你可以不智，却不可以不明。明而不智者不至于浪费自己的人生，也很容易让自己有所收获；智而不明者却会在狂妄中建造只属于自己的坟墓，输掉自己的一生。认清自我，对我们现在以及往后的发展很重要。这就好比建筑一座大厦，它的牢固和稳定与否，完全取决于根基是否扎实，而检视清楚我们自己本身，就是我们事业大厦的扎实根基。

我们的生活是复杂多变的，认识自己，面对真实的自我，承认自己的优势和不足，是我们进军现实世界的基础和出发点。只有意识到我们的优势，我们才可以建立起自己的信心，才能给自己一个恰当的定位，从而选择一种更好的方式接近成功。

对自我进行检视，来自于我们独立的思考，并在此基础上进行自我反省。反省是人类提高自己的能力，重新认识自己的有效途径。善于思考和反省的人，有对自己思想的更新能力。他们会随着自己在生活中的经历，不断校正自己的航向，渐趋完善自己，充实自己，让自己成为一个完美的人。更可贵的是，善于反省自我的人有勇气面对自己的缺点，敢于剖析自己的灵魂，能够认识到自己的不足，并在必要的时候放下自己的架子，在别人面前承认自己的错误。这样的人是可贵的人，是真实的人，也是注定会取得成功的人。

自我反省的过程，是一个学习不断理清自我的思想并加深个人的真正愿望，集中精力，培养耐心，并客观地观察现实，以达到与现实同步的过程。精熟于自我反省的人，能够不断实现他们内心深处最想实现的愿望，他们对生命的态度就如同艺术家对艺术作品一般，全心投入、不断创造和超越。

遗憾的是，大多数人都不会在自己身上找缺点。当你询问他们的愿望是什么时，通常他们首先想到的是一些负面的、消极的制约因素，例如他们会说："我想要我的上司辞职"，或"我想要换一个新的工作环境"……这些就是他们之所以不能取得成功的原因，因为他们没能端正自己的态度，而且总是很容易被一些不利的因素所制约，进而变得悲观失望，影响了进一步的发展。

失败之所以是成功之母，就是因为我们可以从失败中找出自己最大的障碍，限制性的步骤，以及犯过最大的错误，推导出原因，加以改善，并在此基础上有所收获，为接下来的努力打下根基。因此，在面对挫折和失败的时候，我们更应该用一种乐观的态度来进行反省。一个懂得检视自我的人，往往从自己的错误中汲取的知识比从自己的成就中汲取的知识更多，而这个途径是一个人取得成功的最好途径。

美国黑人将军鲍威尔在指挥海湾战争中崭露头角，而他的成熟、老练却是在不断的反思、反省中铸就的。

还在担任下层军官时，鲍威尔率领士兵跳伞。临跳前，鲍威尔问士兵的伞准备好了没有，士兵们异口同声地说准备好了。鲍威尔放心不下，于是又逐一检查了一遍，结果不查不知道，一查吓一跳——有个士兵的伞居然无法打开！

经历了这件事以后，鲍威尔汲取了教训：做事要细心，部署要周密。从那以后他再也没有犯过类似的错误，因此，他也会在很短的时间内成长为一名优秀的将军。

有人说，人类自己就像一面镜子，总是能将别人的缺点暴露无遗，对自己的缺点却视而不见。确实是这样，我们很容易看见自己的外在形象，但要想了解内心世界那个真实的自己会有一定的难度。对真实自我的检视，我们不妨先从一个小实验开始。

首先，你需要把能够描述你自己的一切特征和人格特质，以及相信你自己是什么样的人的想法都写出来。请注意：不是你认为别人会如何看你，而是你如何看你自己。如果你想开始的时候容易一点，就先写出你觉得足以描述你自己的一些词语。接着，要注意，写的时候要用你平时不惯用的那只手，这样做也许会有困难，而且你也许会把字写得大大的，但只要你坚持做下去，就会发现，事情变得越来越容易了。只要事后能够将每一个字都辨认出来，你就不需要为你的字写得歪歪扭扭而操心。现在就写出你的清单吧，给自己足够的时间，如果你在做这件事时保持放松的话，是很有帮助的。当你减少了左脑的有意识的干扰后，更深入的，真实的洞察力就会显现出来。

人的大脑的左半部分与语言和逻辑有关，而右半部分与感觉和直觉有关。你惯用的那只手和你身体的同一边，都是由你的大脑的另一边来指挥的。因此，当做上述实验时，你的左右半脑中比较不惯用或潜意识的那一边会被运用出来。这个简单的实验可以从意识下带出一些洞察力，而这些洞察力，在你运用惯用的那只手来写的话是不可能被发现的，只有当它们被你发现了，你才会意识到它们是真实的。你最先写的一些勉强可以认出来的字，也许是可以预测，而且也和你较常用的那只手写出来的那些是一致的。但是，当你继续写你的清单，且允许你的潜意识自由发挥的时候，你就会得到更多具有透露性的自我形象的词语了。当有明显的矛盾——即对平时的形象构成巨大的冲击发生的时候，你需要分辨哪一个才是真正适用的。通常使用惯用的手写出来的清单，看起来会像为了供“大众消费”而写的，并不会显出更深层的自我信念。例如：你用惯用的手写出来的“聪明”，用非惯用的手写出来就有可能变成“圆滑”，甚至是“投机取巧”。在很多实验的例子中，亲戚和亲近的朋友会确认说，用非惯用的手写出来的会更接近事实。

仔细审视你单子上所列的每一个词句，如果你不能确定你所写下来的某一个词语的确定意义，试着把每一个词都用一句话加以表达，不过你要用你非惯用的那只手来写。这些词语的每一个都可以予以扩大，成为一个或更多的特定概念的叙述句。例如，“友好”可能会包括“我喜欢别人来我家做客”这个特定的信念，而“脚踏实地”则可能涵盖“我很会自己动手做东西”。这些使用非惯用的手写下来并且扩大成为更明显的句子的信念，才是有可能解释你的行为和结果的信念，而不是那些你立刻就可以觉察的少数信念。

接下来是“自我催眠”，将每一个信念都放在你的心里加以测试。首先，先选择一个你认为是正面的信念，然后想象你现在正处于这样一个实际发生的状况，而且，在这个状况里，你的这个信念正在付诸实现。举例来说，如果你很擅长于吸引儿童的兴趣，比如讲故事，唱儿歌，你就想象自己正在这样做，而且正在享受自己做时很好的感觉。这个例子也许正是收到你的清单上“友好的”或“令人喜欢的”这些词语激发而产生出来的。为了感受更真实，你需要想象一些视觉上的东西，可以是小孩的脸，故事书，以及你周围的任何事物。如果你可以感觉你所听到的任何声音，包括你自己讲话、唱歌的声音，或是体验到任何与你正在做的事情有关的感觉，那么这种真实性就更加强烈了。换句话说，你最好动用起自己的感官，必要时五种感官都要用到。其中，视觉、听觉和感觉最为重要，这种感觉很像自我催眠，你必须先让自己进入这样一种放松的状态。

现在将情景转到一些不会令你感觉快乐的事情上，也就是那些负面的自我信念。举例来说，你的同事正在热烈讨论着什么，但你却插不上嘴，你不喜欢看到自己正在这么做或处于这种状态，这也许就是“拘束的”“害羞的”“难以交流的”这些词语所激发出来的。你可以回想过去的一次不好的经历，也可以想象未来会发生的一件不好的事情，如同上面一样，把它感觉得越真实越好。

通过上述的两个步骤，你已经体验到自己的两种不同的形象所反映出的不同的自我形象。把这两种自我形象加以比较，你会开始看到一些差异。这并不是指两个情景在内容上的差异，而是视觉、听觉、感觉上的差异。

也许，这是你第一次了解自己对自己的感觉，了解你的自我形象。在重新审视之下你就可以运用那些令人产生力量的词语，创造你希望拥有的信心和态度，改变以前那些不利的想法和念头。

第四章
平衡自己的内心

成功是平衡的，任何方面的失重都可能使成功的大厦坍塌于瞬间，正如卡耐基曾说的那样——“成功就是过着平衡式的生活”。因此，我们的内心也应该是平衡的，这样，物质和精神才不会产生冲突。

态度决定命运

许多人认为，命运在一个人的一生中起着非常重要的作用，因为冥冥之中会有什么东西对我们的生命进行操纵，种种机缘巧合让我们觉得人生无常。可是这些人却并没有意识到，这样的想法要是放在古代，或许还情有可原，毕竟那时的科技还不发达，有很多现象难以用一种合理的方式解释，于是将其归咎于命运。可是若现在还存在着这样的观点，就是大错特错了。没有任何人在操纵着我们的命运，每个人的命运都在自己的手中，在他对待事物的态度中，在他的行为方式里。

有人问一位有名的车工师傅，跟他学艺的一个徒弟能不能成为他的衣钵传人。没想到这位车工师傅毫无情面地说："绝对不能！"这人很奇怪，继续追问下去，这位师傅道出了心中的想法。

"这弟子家中的条件很好，他人也很聪明，本来能有一个这样的徒弟，已经很不错了。可惜他整天只知道吃喝玩乐，心思根本不在学艺上。"师傅见解如此，徒弟的未来可想而知。

一个人的命运掌握在自己的手里，即使拥有了再好的先天条件，如果不愿意在艰苦奋斗中锻炼出真才实学，这样的人不会有所成就。问题不在于一个人所具有的条件，而是我们面对问题和困难时候的态度。一个只知道享乐毫无进取心，更没有奋斗精神的人，怎么会在自己的人生道路上留下什么惊人的轨迹呢？

人生的道路上充满了坎坷，布满了荆棘。所以人们常常说，人生的道路不可能是一帆风顺的，挫折随时都有可能出现，只要对自己的人生道路充满了憧憬和希望，刻苦努力，就能到达人生光辉的顶点。

要实现自己的人生目标，不能依靠命运的赐予，而要依靠自己永不放弃、顽强拼搏的态度。

著名的音乐家贝多芬一生的成就让我们永远纪念他。从他手上流动出来的音符不知道打动了多少双耳朵，他的音乐跨越空间和时间成为永恒的经典。可是他的一生并不顺利，甚至充满了贫穷和苦难。

他所遭到的磨难和贫困不但使他的双耳失聪，还几乎逼得他去行乞，甚至差点把这位“乐圣”所钟爱的事业给毁掉。然而他没有因为命运的打击而一蹶不振，而是不断向“命运”进行挑战，并取得了最终的胜利。贝多芬最伟大的作品《命运交响曲》，就是在他两耳失聪，生活最悲痛的时候写出来的。

贝多芬在给一位公爵的信中所说：“公爵，你之所以会成为公爵，只是由于偶然的出身；而我之所以成为贝多芬，则是靠我自己。”从中我们看到一位自信、毫不示弱的音乐家对命运的态度。

我们知道：如果一个人在各方面长期觉得自己比别人差，他就会觉得自己处处比别人差。反之，如果一个人在很多方面有过人之处，他就会养成一种态度：自己是强者。于是他所能取得的成就也就可想而知了，尽管当初他们有着相同的条件和基础。

拿破仑·希尔曾讲过这样一个故事：塞尔玛陪伴丈夫驻扎在一个沙漠的陆军基地里。丈夫奉命到沙漠里去演习，她一个人留在陆军的小铁皮房子里，天气热得受不了——在仙人掌的阴影下也有125华氏度。她没有人可谈天——身边只有墨西哥人和印第安人，而他们不会说英语。她非常难过，于是就写信给父母，说要丢开一切回家去。她父亲的回信只有两行，这两行字却永远留在她心中，完全改变了她的生活：两个人从牢中的铁窗望出去。一个看到泥土，一个却看到了星星。

塞尔玛一再读这封信，觉得非常惭愧。她决定要在沙漠中找到星星。

塞尔玛开始和当地人交朋友，他们的反应使她非常惊奇，她对他们的纺织品、陶器表示兴趣，他们就把最喜欢但舍不得卖给观光客人的纺织品和陶器送给了她。塞尔玛研究那些引人入迷的仙人掌和各种沙漠植物、物态，又学习了有关土拨鼠的知识。她观看沙漠日落，还寻找海螺壳，这些海螺壳是几万年前，这沙漠还是海洋时留下来的……原来难以忍受的环境变成了令人兴奋、流连忘返的奇景。

潜能激发：克服心理障碍

一个人要想使自己受到他人欢迎，要想有所作为，要想受到老板的重用，就必须克服心理障碍，进行心理整容。

进行心理整容，首先要解除心理上的枷锁——自卑、胆小、腼腆等，因为一旦你的心灵、个性、雄心被锁起来，受到控制，便会阻碍你的潜力的发挥，使你显得没魅力，你的一生，你的幸福，就会被这类无形的枷锁锁住。

有一位朋友跟我聊起一个特别有趣的故事。

一个总觉得自己不讨男孩子喜欢，而且有点自卑的女孩，偶然在商店里看到一支漂亮的发夹，当她戴起来的时候，店里好几个顾客都说漂亮，于是她非常高兴地买下了发夹，并戴着去学校。

接着奇妙的事情发生了，许多平日不太跟她打招呼的同学，纷纷过来跟她接近，男孩子们也开始约她出去玩，更有不少人表示，原本死板的她，似乎一下子变得开朗活泼多了。

可见，好多事情是自己的心理在作怪，一个人如果能意识到自己是什么样的人，那么他很快就会知道自己应该成为什么样的人。如果他首先在心理上觉得自己很重要，很快，在现实生活中他也会觉得自己很重要。相反，如果一个人首先在心理上觉得自己一无是处，很快，在现实生活中他也会觉得自己真的“一无是处”。要知道老板永远不会重用，甚至根本就不会聘用毫无价值的人。

如果你以为自己的工作是乏味的，是一种苦役，就会产生抵触心理，这终究会导致你的失败。

一个人做事的好坏，只要看他工作时的精神和态度就可以了。如果你对工作是被动而非主动的，像奴隶在主人的皮鞭督促之下一样；如果你对工作感觉到厌恶；如果你对工作毫无热诚和爱好之心，无法使工作成为一种享受，只觉得是一种苦役，那你在这个世界上绝不会取得重大的成就。

有这样一个故事。一天，主人把货物装在两辆马车上，让两匹马各拉一辆车。

在路上，一匹马渐渐落在了后面，并且走走停停。主人便把后面一辆车上的货物全放到前面的车上去。当后面那匹马看到自己车上的东西都搬完了，便开始轻快地前进，并且对前面那匹马说：“你辛苦吧，流汗吧。你越是努力干，主人越要折磨你。”

到达目的地之后，有人对主人说：“你既然只用一匹马拉车，那么你养两匹马干吗？不如好好地喂一匹马，把另一匹宰掉，总还能拿到一张皮吧。”于是主人便真的这样做了。

如果你对工作依然存在着抱怨、消极和斤斤计较，把工作看成是苦役，那么，你对工作的热情、忠诚和创造力就无法被最大限度地激发出来，也很难说你的工作是卓有成效的。你只不过是在“过日子”或者“混日子”罢了！

倘若如此，你每日所习惯的工作不仅不是合格的工作，而且简直跟“工作”有点背道而驰了！一些人认为只要准时上班，不迟到，不早退就是完成工作了，就可以心安理得地去领所谓的报酬了。可是，他们没有想到，他们固然是踩着时间的尾巴上下班，可是，他们的工作态度很可能是死气沉沉的、被动的。

因此，在任何时候，你都不能对工作产生厌恶感，或者把工作看成是苦役。即使你在选择工作时出现了偏差，所做的不是自己感兴趣的工作，也应当努力设法从这乏味的工作中找出兴趣。要知道凡是应当做而又必须做的工作，总不可能是完全毫无意义的。问题全在于你对待工作的认知，对工作表现出积极的态度，可以使任何工作都变得有意义。

如果你以为自己的工作是乏味的，是一种苦役，就会产生抵触的心理，这终究会导致你的失败。其实，只要你在心中将自己的工作看成是一种享受，看成是一个获得成功的机会，那么，工作上的厌恶和痛苦的感觉就会消失。不懂得这个秘诀，就无法获取成功与幸福。

由此可见，一个人的心理状态可以影响其一生的成功与幸福。一个人不善于交际，往往并不是由于技巧掌握得不够，而是心理素质没过关，被自卑、腼腆、羞怯心理所控制。心理障碍是导致人烦恼、苦恼乃至职场失败的根源，它可以扑灭人心灵的光明，掩盖人魅力的光辉，使你显得怪异、不受欢迎。

塑造成功的态度

在工作中，无论何时何地，如果你没有做出成绩，你就永远是受别人摆布的“棋子”，甚至是一枚弃用的“棋子”。所以很多时候你需要树立正确的职业心态，用成绩证明你的存在。

1888年，作为银行家的里凡·莫里顿先生成为美国副总统候选人，一时声名显赫。1893年夏天的某个时候，詹姆斯·威尔逊先生到华盛顿拜访里凡·莫里顿。在谈话中，威尔逊偶然问起莫里顿是怎样由一个布商变为银行家的，里凡·莫里顿说：“那完全是因为爱默生的一句话。事情是这样的：当时我还在经营布料生意，业务状况比较平稳。但是有一天，我偶然读到爱默生写的一本书，爱默生在书中写的这样一句话映入了我的眼帘：‘如果一个人拥有一种别人所需要的特长，那么无论他在哪里都不会被埋没。’这句话给我留下了深刻的印象，顿时使我改变了原来的目标。当时我做生意本来就很守信用，但是与所有商人一样，难免要去银行贷些款项来周转。看到了爱默生的那句话后，我就仔细考虑了一下，觉得当时各行各业中最急需的就是银行业。人们的生活起居、生意买卖，处处都需要钱，天下又不知有多少人为了金钱，要翻山越岭、吃尽苦头。于是，我下决心抛开布行，开始创办银行。在稳当可靠的条件下，我尽量多往外放款。一开始，我要去找贷款人，后来，许多人都开始找我了。”

由此可见，只要你树立正确科学的职业心态，确定了一个恰当的职业方向和目标，并脚踏实地地去做，就不会失败。

乔治·罗拉在维也纳当了多年律师，但在第二次世界大战期间，他逃到瑞典，一文不名，很需要找份工作，因为他能说能写好几国语言，所以他希望能够在一家进出口公司谋一份秘书工作。绝大多数公司都回信告诉他，因为正在打仗，不需要这一类人才，不过他们会把他的名字存在档案里。唯有一家公司在给乔治·罗拉的回信中写道，“你对我生意的了解完全错误，你即蠢又笨，我根本不需要任何替我写信的秘书。即使我需要，也不会请你，因为你甚至连瑞典文也写不好，信里全是错误。”

当乔治·罗拉看到这封信时，简直气得发疯。于是乔治·罗拉也写了一封信，目的是想使那个人大发脾气，但接着他就停下来对自己说，“我怎么知道这个人说得不对呢？我虽然修习过瑞典文，可并不精通，也许我确实犯了很多我并不知道的错误。如果是这样的话，那么我想得到一份工作，必须再努力学习。这个人可能帮了我一个大忙，虽然他本意并非如此。他用这种难听的话来表达他的意见，并不表示他就亏欠我，所以应该写封信给他，在信里感谢他一番。”

于是乔治·罗拉撕掉了他已经写好的那封骂人的信，另外写好了一封：“首先感谢你这样不嫌麻烦地写信给我，尤其是你并不需要一个替你写信的秘书。对于我把贵公司的业务弄错的事我觉得非常抱歉，我之所以写信给你，是因为我向别人打听，而别人把你介绍给我，说你是这一行的领导人物。我并不知道我的信上有很多文法上的错误，我觉得惭愧，也很难过。我现在打算更努力地去学习瑞典文，以改正我的错误，谢谢你帮助我走上改进之路。”

不几天，乔治·罗拉就收到了那个人的回信，他邀请罗拉去看他。罗拉去了，而且得到了一份工作。乔治·罗拉由此发现，“原谅伤害自己的人也会避免自己受到更深的伤害，或许还能得到别人的帮助，助你走向成功。”

心态不稳，情绪冲动之下你根本不会去想你所做的会产生多么严重的后果。也许平静之后你才发现你得罪了不少人，伤害了很多人。一下子改掉容易冲动的毛病事实上很不现实，那么我们就从平时的一点一滴做起。把自己情绪冲动时想说的话，想做的事都写下来，心态平静下来以后慢慢地反思。用不了多久，你会变得越来越理智。

潜能激发：拥有积极的心态

积极的心态，是成功的催化剂。它能使一个懦夫成为英雄，由柔弱变得坚强；它能使人性变得温暖活泼、富有弹性；它能使人充满进取精神，充满冲劲和抱负。

20世纪30年代，英国一个不出名的小镇里，有一个叫玛格丽特的小姑娘，自小就受到严格的家庭教育。父亲经常向她灌输这样的观点：无论做什么事情都要力争一流，永远做在别人前头，而不能落后于人。“即使是坐公共汽车，你也要永远坐在前排。”父亲从来不允许她说“我不能”或者“太难了”之类的话。

对年幼的孩子来说，他的要求可能太高了，但他的教育在以后的年代里被证明是非常宝贵的。正是因为从小就受到父亲“残酷”的教育，玛格丽特有着积极向上的决心和信心。在以后的学习、生活和工作中，她时时牢记父亲的教导，总是抱着一往无前的精神和必胜的信念，尽自己最大努力克服一切困难，做好每一件事情，事事必争一流，以自己的行动实践着“永远坐在前排”的信念。

玛格丽特上大学时，学校要求学五年的拉丁文课程。她凭着自己顽强的毅力和拼搏精神，硬是在一年内全部学完了。令人难以置信的是，她的考试成绩竟然还名列前茅。

其实，玛格丽特不光是学业上出类拔萃，她在体育、音乐、演讲及学校的其他活动方面也都一直走在前列，是学生中凤毛麟角的佼佼者之一。当年她所在学校的校长评价她说："她无疑是我们建校以来最优秀的学生，她总是雄心勃勃，每件事情都做得很出色。"

正因为如此，40多年以后，英国乃至整个欧洲政坛上才出现了一颗耀眼的明星，她就是连续四年当选保守党领袖，并于1979年成为英国第一位女首相，雄踞政坛长达11年之久，被世界政坛誉为"铁娘子"的玛格丽特·撒切尔夫人。

"永远都要坐前排"是一种积极的人生态度，激发你一往无前的勇气和争创一流的精神。严格要求自己，无论做什么事情都给自己一个较高的目标，这样会激发出你更多的潜能，使你最终出类拔萃，成为一个不平凡的人。一位哲人说过：无论做什么事情，你的态度决定你的高度。撒切尔夫人的父亲对孩子的教育给了我们深刻的启示。

所以说，任何一个具有积极心态的人面对着一个严重的个人问题时，自我激励的语气就会从下意识心理闪现到有意识心理去帮助他。在紧急情况下，特别是在当死亡的大门即将开启的时候，这种心态就体现出来了。

午夜1点30分。在医院的一间病房里，两位女护士正紧张地工作着——每人各抓住乔伊的一只手腕，力图摸到脉搏的跳动。因为乔伊在整整六个小时里都未能脱离昏迷状态。医生已经做了所能做的一切事情，然后离开了这个病房，给其他病人看病去了。

乔伊不能动弹、谈话或抚摸任何东西。然而，他能听到护士们的声音。在昏迷时期的某些时间里，他能相当清楚地思考。他听到一位护士激动地说："他停止呼吸了！你能摸到脉搏的跳动吗？”

回答是：“没有。”

他一再听到如下的问题和回答：

“现在你能摸到脉搏的跳动吗？”

“没有。”

“我很好，”他想，“但我必须告诉他们。无论如何我必须告诉他们。”

同时他对护士们这样近于愚蠢的关切又觉得很有趣。他不断地想：“我的身体良好，并非即将死亡。但是，我怎么能告诉她们这一点呢？”

于是他记起了他所学过的自我激励的语气：如果你相信你能够做这件事，你就能完成它。他试图睁开眼睛，但失败了。他的眼睑不肯听他的命令。事实上，他什么也感觉不到。然而他仍努力地睁开双眼，直到最后他听到这句话：“我看见一只眼睛在动——他仍然活着！”

“我并不感觉到害怕，”乔伊后来说，“我仍然认为那是多么有趣啊！一位护士不停地向我叫道：‘魏卜纳先生，你在那里吗？……’对这个问题我要以闪动我的眼睑来作答，告诉她们我很好，我仍然在世。”

这种情况持续了一段相当长的时间，直到乔伊通过不断的努力睁开了一只眼睛，接着又睁开另一只眼睛。恰好这时候，医生回来了。医生、护士们精湛的技术，和乔伊自己坚强的毅力，使他起死回生了。

由此可见，人的生活并非只是一种无奈，而是可以由自身主观努力去把握和调控的，人生的方向是由“态度”来决定的，其好坏足以确定我们人生的优劣。

态度不同命运就不同

成功人士与失败者之间的差别是：成功人士始终用最积极的思考，最乐观的精神和最充分的经验支配和控制自己的人生。失败者则刚好相反，他们的人生是受过去的种种失败与疑虑所引导和支配的。

有些人总喜欢说，他们现在的境况是别人造成的。这些人常说他们的想法无法改变。但是，我们的境况不是周围环境造成的。说到底，如何看待人生、把握人生，最终是由我们自己决定的。

两只蚂蚱，在一天早晨的嬉戏中，都失足掉进了人们扔在路边的奶酪罐里。罐里未吃完而剩下的奶酪，足以使两只蚂蚱遭受灭顶之灾。蚂蚱掉进罐子后，其中一只叹了口气，心想："完了，上天安排我掉进这陷阱，就由它去吧。"于是，时间不长它便沉了下去。而另一只蚂蚱呢？它虽然也在往下沉，但它却在不断地挣扎着。它一边挣扎，一边想着与伙伴们在美丽的花草上跳跃、嬉戏的情景，它在想着跳出去后将要去不远处的一座皇家花园里安家。它就这样不断地挣扎着，一直到太阳升得老高，阳光蒸发了罐中的水分，奶酪也逐渐凝固成硬块。这只蚂蚱用力一跃，终于跳了出来，获得了自由。而另外那只蚂蚱，却成了凝固的奶酪块里的一部分。

很多时候就是这样，你相信自己能够做到，就一定会做到；若觉得自己无能为力，就只有失败的份儿。同样是掉进一个奶酪罐里的两只蚂蚱，一个经过不断的挣扎终脱险境，一个却凝固成了奶酪块里的一部分，归根结底，就是因为它们面对困境时的不同态度。一只蚂蚱一掉进去就认定这是上天的安排，于是放弃了挣扎，任由自己在奶酪里窒息；另一只蚂蚱却并没有这样认为，也没有听天由命，而是从未放弃过要跳出去的念头，于是它终于在自己的一跃之后，重新来到了外面的世界。

在现实的生活当中，有太多的人把自己的失败归咎于周围的环境，他们总觉得，如果换一个环境的话，情况就会大大的不同。可是他们却从未意识到，自己之所以失败，诚然有环境方面的制约因素，可更大的方面却是在自己的身上。就像掉进奶酪罐里的那两只蚂蚱一样，它们的处境是一样的，可最终的结果却是一只生、一只死。由此可见，决定我们命运的并不是一些外在的因素，而是我们的态度。也正是因为人们心态的不同，才有了不同的命运。

在一个贫穷的小山村里住着兄弟两人。他们无法忍受生活的穷困和艰辛，经过再三思考，决定背井离乡到海外去谋一条生路。大哥运气好一点，被贩卖到了比较富庶的旧金山，而弟弟却被卖到了菲律宾。那时的菲律宾，比两兄弟原先住的小山村还要穷困。

40年的时间很快过去了，两兄弟终于又聚在了一起。此时的两兄弟，已经是今非昔比。哥哥是旧金山的侨领，拥有两间餐馆，两间洗衣店和一间杂货店，子孙满堂，有些子孙承继了他的衣钵，有些成为杰出的工程师或电脑专门人才。弟弟的情况远比哥哥要好，他现在已经是一位享誉世界的银行家，拥有东南亚相当分量的山林、橡胶园和银行。

他们都成功了。但是，当他们在谈起各自成功的经验时，哥哥说："旧金山是充满了白人的社会，自己也没有什么本事，只好凭自己的双手给别人做饭、洗衣服……白人不肯做的事情，华人就统统顶上，就像现在的乡下人到北京、上海、广州、深圳等大城市打工一样，使用的全是大脑以外的部分。生活是没有大问题的，但成就事业的愿望就不敢奢望了。我们的社会地位比较低下，就像闻一多的《洗衣歌》说的那样。儿子、孙子都读了不少书，但是都不敢奢望成就大事业，只好安安分分地去做一些技术性的工作。说实在话，我就从来没有想过进入上层的白人社会。我一直认为，那样的想法是不切合实际的。"

弟弟却说："世界上没有完全幸运的事情。刚到菲律宾的时候，我干的都是一些低贱的事情。过了一些时间，我发现当地人都比较愚蠢且懒惰，于是就干那些他们不愿意干的事情，我就这样慢慢地不断收购和扩张，生意也就逐渐做大了。我没有什么成套的成功理念，但是我一直是这样想的，别人可以办到的事情，我凭什么不去做。就是在这样的态度下，我一直认真地对待每一件事，终于干出了今天的这番成绩。"

潜能激发：做命运的主人

我们应该做命运的主人，而不应由命运来摆布自己。西方哲学家蓝姆·达斯曾讲过一个真实的故事。一个因病而仅剩下数周生命的妇人，一直将所有的精力都用来思考和谈论死亡有多恐怖。

以安慰垂死之人著称的蓝姆·达斯当时便直截了当地对她说：“你是不是可以不要花那么多时间去想死，而用这些时间来活呢？”

他刚对她这么说时，那妇人觉得非常不快。但当她看出蓝姆·达斯眼中的真诚时，便慢慢地领悟到他话中的诚意。

“说得对！”她说，“我一直忙着想死，完全忘了该怎么活了。”

一个星期之后，那位妇人还是过世了。她在临死前充满感激地对蓝姆·达斯说：“过去一个星期，我活得要比前一阵子丰富多了。”

另一位朋友，因为幼年时患了一场大病，命虽保住了，但下肢却瘫痪了。他的父亲是邮局干部，父亲在他中学毕业后设法在邮局给他安排了一份可以坐着不动的工作，工资及各种福利待遇都与常人无差别。在这个岗位上，他干了三年。按说，一个重残的人，能有一份这样安稳有保障的工作，应该感到十分满足了。他的许多身体健康的同学，都还在为谋一份职业而四处奔波求人呢。但他却辞职了，因为他在人们的眼光中，不但看到了同情，更看到了怜悯，还有不屑。他的自尊心在这种目光中一次次被刺伤，所以纵是父亲的耳光和母亲的哭求都没能阻止他。

辞职后他先是开了一间小书店，但不到半年便因城市改造房屋拆迁而不得不关门。之后，他又与人合办了一家小印刷厂，也仅仅维持了一年多，便因合伙人背信弃义而倒闭。两次经商，都没成功，而且还债台高筑，这时他的父母和朋友们又来劝他说："你一个残疾人，就别胡折腾了，多少好手好脚的人都碰得头破血流呢，何况你！"父亲劝他趁自己还在领导岗位上，让他还是老老实实回邮局上班算了。但他还是没有回头，又选择了开饭店。这次他吸取前两次的教训，一年下来，小饭店竟赢利两万多元，于是他又开了两家连锁店。10年之后，他的连锁饭店不但在他居住的城市生根开花，而且还不断在周边的大小城市一间间开张。他自然也就成了事业成功的老板，且娶了一位漂亮能干的姑娘。当有人问他成功的经验时，他说了很多，但他说最重要的，就是千万不要同情自己。别人同情你不要紧，若自己同情自己，就会成为懦夫，而没有勇气去奋斗，一辈子只能在别人的同情中生活。

当我们在面对生命中不可避免的病痛、损失、挫败的时候，常常会因为不断地专注在病痛、折磨、惧怕的本身，而使得日子更加难过，甚至许多人因此觉得"活不下去了"，而走上轻生的不归路。没有人喜欢面对人生痛苦的部分，但只有那些明白自己的思想动力，愿意并成功自我掌控的人，才能够避免将现有的痛苦不断放大，才能具备较佳的应对能力。

在现实生活中，不单是身有残疾和病痛的人，就是健康的人，在遭遇挫折和失败的打击时，也会生出悲观失望、自怜自卑的心情来。在这种情绪的笼罩下，人往往不是寄希望于他人的援助，要不就一蹶不振，失去重新尝试的勇气。其实，不同情自己，对自己进行鞭策和批判，反省和检讨失败的原因，才会走出懦弱心理的陷阱。

当你遭受损失、挫折的时候，不要把焦点放在你无法挽回的部分，而要把焦点放在"生活里还有哪些值得感谢""自己还能做些什么"的部分。当自己的情绪呈现负面或消极的时候，要确保自己的意念完全投注在解决办法上，学着即使在与不幸共存的时刻，还能够积极向上、活在此刻。即使面对再艰难的情况，我们都要保持内心的宁静。这样，在苦难突然降临的时候，我们能沉着冷静地应付，从而主宰自己的命运。

其实，生活中的每一个人，都承担各自的社会责任，都存在不同程度的心理问题。随着社会的不断变革，人们的情感、思维方式、知识结构、人际关系在发生变化，引发心理问题的因素也是多种多样的。据专家介绍，由于现代人生活方式的改变，生活节奏的加快，一些人的盲目行为增多，加之过分追求短期效益，因而失败的概率较高，内心失去平衡，容易产生心理问题。心理专家认为：一个人的心态常常直接影响他的人生观、价值观，直接影响到他的某个具体行为。因而从某种意义上讲，心理卫生显得更为重要。

从理论上讲，一般的心理问题都可以自我调节，每个人都可以用多种形式自我放松，缓和自身的心理压力和排解心理障碍。面对"心病"，关键是你如何去认识它，并以正确的心态去对待它。虽然我们找心理医生看病还不能像看感冒发烧那样方便，但提高自己的心理素质，学会心理自我调节，学会心理适应，学会自助，每个人都可以在心理疾病发展的某些阶段成为自己的“心理医生”。

首先是掌握一定的心理卫生科学知识，正确认识心理问题出现的原因；其次是能够冷静清醒地分析问题的因果关系，特别是主观原因的欠缺，找到对己对人都负责任的相应措施；最后是恰当地评价自我调节的能力，选择适当的就医方式和时机。

现代社会要求人们心理健康、人格健全，不仅要拥有良好的智商，还要有良好的情商。在出现心理问题时，人们开始引起重视并寻求咨询和医疗，这是社会文明进步和人们文化素质提高的一种表现。据专家介绍，生活条件越好，文化层次越高，人们对心理健康的需求也就越迫切。随着科学文化知识的普及和心理健康服务的完善，解决“心病”会有更多更好的渠道和办法。

心态决定未来

一个人会成为什么样子，就是他每天头脑里所想到的那些东西，而不可能是别的样子。因为命运就掌握在每个人自己手中，它将会何去何从，也完全取决于自己，正如亨利在他的诗句中所写到的那样："我是命运的主人，我主宰自己的心灵。"

从这个意义上说，如果你想知道自己将来会成为什么样子，那就从了解自己现在的心态开始。你现在的心态决定了你命运的走向，而命运的走向又决定了你会有一个什么样的未来。如果你现在的心态是阴暗、消极的，未来也不会阳光明媚；如果你现在的心态是阳光、积极的，未来又怎么可能会乌云密布呢？这是一条普遍的规律，任何人都概莫能外。

也许有的人会说："老天对我本来就是不公平的，我一出生就有身体缺陷，对此我又能怎么办呢？"很不幸，上天让你一生下来就有身体上的缺陷，但这又有什么呢？我们每个人都是上帝咬过一口的苹果，只是咬你的那一口大了些，可说不定正是因为上帝偏爱你的芬芳呢！对于我这样的说法，或许会有人斥之为阿Q精神，是一种精神上的自我安慰法，并没有任何益处。事实上果真是这样吗？

有一个盲人，在他很小的时候，他为自己的缺陷而无比烦恼沮丧，他认定这是老天在处罚他，认定自己这一辈子都不会有什么出息了。因此，他开始对自己身边的事物不满起来，开始悲观厌世，颓废不振。直到有一天，他遇到一位当地知名的教师，这位教师听了他的心事后，说："世上每个人都是被上帝咬过一口的苹果，都是有缺陷的人。有的人缺陷比较大，遭遇的痛苦比别人多，那是因为上帝特别喜欢他的芬芳。"听了这句话，他开始对自己的遭遇有了一个全新的认识，也对自己的人生做了重新安排。他认为他的残疾是上天对他的考验，也是对他的挑战，是在考验他能不能面对上天对他的挑战。当他这样思考的时候，他开始振作起来，开始决定走出先前颓废的生活，转而向命运挑战。若干年后，他成了当地一个著名的盲人推拿师，他的成功激励了许多身残志坚的人，引领他们摆脱命运的束缚，走出阴霾，走向成功。

在每个人的一生中，人生旅程都不可能一直一帆风顺，命运总会或多或少给我们一些无法解开的难题，这是因为我们都是"被上帝咬过一口的苹果"。这并不是一种自欺欺人的想法，就像一个身处在黑暗之中的人一样，任何方向的光亮都能给他带来希望，而这种想法就是我们战胜苦难的希望，只要在心中植下了这种想法，生活就会发生意想不到的转变。

吉尔·金蒙特曾经是一名很优秀的滑雪运动员。在她18岁的时候，她的名字就已经家喻户晓了。而她的照片也上了体育杂志的封面。当时她的最大愿望就是参加奥运会，拿到金牌。她相信自己有这个实力。

但是，命运却跟她开了个玩笑，就在她为参加奥运会而进行预选赛的时候，一场悲剧发生了。那是奥运会预选赛的最后一轮比赛，她沿着大雪覆盖的罗斯特利山坡往下滑，谁知那天的雪道特别滑。她刚滑出不久，便身子一歪，失去了控制。她竭力调整自己，但是一切都无济于事，她一头栽下了山坡，然后昏迷了过去。

当她醒来的时候，已经躺在医院的病床上了。很幸运，她保住了性命，但是她的双肩以下却永久性瘫痪了。她每天只能一动不动地躺在病床上，连翻身都感到困难。对于一个运动员来说，这简直就是一种最大的折磨。有一段时间，她的意志非常消沉，因为几乎所有的梦想，所有的希望都消失了。她再也不能回到心爱的赛场，再也不能圆自己的金牌梦了。她的精神支柱似乎一夜之间全部倒塌了。

那段日子，她几乎是在绝望中度过的。但是后来，她意识到不能再这样下去。消沉不会给她带来任何好处，她必须面对现实，无论它有多残酷。而身为运动员的那种坚强的个性，也让她重新鼓起了生活的勇气。她知道自己只有两种选择，要么奋发向上，要么灰心丧气。她选择了前者。于是，她千方百计使自己从痛苦中摆脱出来。她每天都在和病魔做斗争，尽管病情时好时坏，但她不再让自己沉浸在绝望的阴影中。

金牌梦是实现不了了，于是她又确立了新的目标。她想从事一项有益于公众的事业，于是她选择了教师这一行业。为了成为一名教师，她付出了许多汗水。她学会了写字、打字、操纵轮椅等技能。她还在加州大学选听了几门课程。

尽管她很努力，但有一个困难却是她无法克服的。因为作为一名教师，最基本的要求就是能够上下楼。但是她却只能以轮椅代步。她向学院提出申请，但是却遭到了拒绝，就连她的保健医生也认为这项工作并不适合她。但是，无论什么样的困难都不能动摇她的决心。她的金牌梦破灭了，她不会让自己的教师梦也再次破灭。后来，由于她的锲而不舍，她终于被华盛顿大学聘用。而且由于教学有方，很受同学们的爱戴。

从她瘫痪至今，很多年已经过去了。尽管她没能得到奥运会的金牌，但她却得到了另一块金牌。那是为表彰她的教学成绩而授予她的。

事情就是这样，当苦难降临到你身上的时候，你若因惧怕而不敢面对，它反而会给你更大的压力和恐惧，相反，若你选择勇敢地去正视它，情况也许就会因此而发生改变，你会因此而翻开自己人生崭新辉煌的另一页。

发生在我们身上的事情既然已经发生，不可能避免也无法改变了，那我们为什么不往好的方面去想呢？这并不是一种自我安慰的阿Q精神，而是对待人生的一种豁达的心态。毕竟现在已经是既成的事实，不会因为我们不喜欢而改变，但未来却是未知的，而它就在我们的手中。

潜能激发：保持一颗平常心

居里夫人曾两度获得诺贝尔奖，她是怎么样对待这种荣誉的呢？得奖之后，她照样钻进实验室，埋头苦干，而把荣誉和成功的金质奖章给小女儿当玩具。有的客人见了感到很惊讶。居里夫人笑了笑说：“我想让孩子们从小就知道，荣誉就像玩具，只能玩玩而已，绝不能永远地守着它，否则你将一事无成。”

而有的人却不是这样，他们做出了点儿成绩，出了点儿名之后，便沾沾自喜起来，自以为功成名就了，就可以天天吃老本了，从此便失去了新的奋斗目标。《菜根谭》上说：“此身常放在闲处，荣辱得失谁能差遣我；此身常放在静中，是非利害谁能瞒昧我。”意思是说，经常把自己的身心放在安闲的环境中，世间所有的荣华富贵和成败得失都无法左右我；经常把自己的身心放在安宁如常的环境中，人间的功名利禄和是是非非就不能欺骗、蒙蔽我了。

在社会竞争日益激烈的今天，有一种平和的心态，对身体的健康和事业的成败都是至关重要的。当然，平常心是一种经历挫折和失败，不断奋斗努力才能历练出的人生境界。要想保持平常心，看到别人经常出入一些高级场所不羡慕，看到别人拥有自己没有的不忌妒，不为一切浮华沉沦，而是好好珍惜自己目前所拥有的一切。我们还要从精神上摆脱过多的物欲和得失心理，懂得正确看待别人所拥有的富贵荣华。不妨把一切的功名利禄视为过眼烟云。保持住一颗甘愿淡泊而宁静的心灵。这又是人生的一种智慧，更是一种高尚的操守。

时光如白驹过隙，人的一生也是那样匆忙，要想快乐地品尝到人生的精华，需要我们保持一种不卑不亢、宠辱不惊的平常心。在一些高档场所，我们不必为自己身上的寒酸衣物而羞愧，遇见大款和高官也不用点头哈腰。我们只要保持住心中的那份坦然，即使出身卑微，也不必为此愁眉不展，我们不妨快乐地昂起头，迎接阳光的洗礼。纵然没有高的学历，我们也不自惭形秽，仍然要保持一种积极拼搏的人生态度。只要我们尽自己的最大努力，勇敢地面对人生的挑战，无愧于自己，无愧于社会和他人，我们的心灵就会多一份自然。

保持一颗平常心，是一门生活艺术，更是一种处世智慧。人生在世，生活中有乐有苦，有荣有辱，这是人生的寻常际遇，不足为奇。古往今来，万千事实证明，凡是有所成就者无不具有“宠辱不惊”这种极宝贵的品格。荣也自然，辱也自在，面对现实，一往无前。

生活在这个世界中的我们，总会面临着生老病死等不幸，面对这些从天而降的灾难，我们还能否保持住心中的那份宁静，如果能处之泰然，则总能使平静和开朗永在心底。而有一些人面对突如其来的境遇方寸大乱，不亚于红楼梦中那个听到贵妃殡天的贾母，以为天要塌下来了，从此一蹶不振。同样的境遇，不同的人就会产生不同的反应。他们的差距表现在哪里呢？根本的原因就在于能否保持一颗平常心，是否能及时而平静地处理变故。

一些古今中外的伟人，他们遇事不慌，沉着冷静，正确地判断所处局势，及时应变，取得了令人瞩目的成就。一般来说，人们只要不是处在激怒或疯狂的状态下，都能够保持自制并做出正确的决定。健康正常的情绪，不仅平时可以给生活带来幸福稳定和畅快，而且能在大难临头的时候，帮助你逢凶化吉，转危为安。

保持平常心绝不是安于现状。人类的伟大在于永不休止的渴望和追求，历史的嬗变在于千百万创造历史的人们永无休止地劳作。生命是一个过程，而生活是一条小舟。当我们驾着生活的小舟在生命这条河中款款漂流时，我们的生命乐趣，既来自于与惊涛骇浪的奋勇搏击，也来自于对细波微澜的默默深思；既来自对伟岸高山的深深敬仰，也来自于对草地低谷的切切爱怜。所以我们平常的生命，平常的生活一经升华，就会变得不那么平常起来。因为，生命和生活是美丽的，这种美丽，恰恰蛰伏于最容易被我们忽略的平平常常之中。没有把平常日子过好的人，体味不到人生的幸福，没有珍惜平常的人，不会创造出惊天动地的伟业，因为平常包容着一切，孕育着一切，一切都蕴含在平常之中。

保持平常心是人生的一种境界。平常心不是平庸，它是源于对现实清醒的认识，是来自灵魂深处的表白。人生在世，不见得权倾四方和威风八面，也就是说最舒心的享受不一定是物欲的满足，而是性情的恬淡和安然。

如果能够对生活中的各种境况随遇而安，我们即使在逆境中也能镇定自若，也能以从从容容的心情看待人生的苦与乐，以平常的心态去迎战一切。诸葛亮说："淡泊明志，宁静而致远。"平常心是人生中的一种美丽，有了它，我们会不做作、不粉饰，襟怀坦然。平常心不仅会给自己一颗明亮和洞穿世事的慧眼，还可以使自己拥有美好充实的人生。

杜绝侥幸心理

早已是世界超级大富豪的比尔·盖茨，不但没有因为富贵而懈怠工作，反而比别人更加用心于工作。为了达到“让每张书桌上都有电脑，每个家庭都有电脑，而且每台电脑都用微软产品”的目标，他一天只休息五六个小时，而且工作时要面对三台电脑。其实，不只是比尔·盖茨，那些凡是卓有成就的人，在对待工作的态度上都有着惊人的相似之处，即以百分之百的认真态度去对待工作，从未有过投机取巧的想法，也决不允许自己耍小聪明。正是因为他们这种杜绝侥幸心理的态度，使他们取得了别人望尘莫及的成就。

所谓“大巧不工”，在商场上，每个人都在为着各自的利益而争取和奋斗着。也正是因为如此，谁都不比谁傻多少，那些怀着侥幸心理的人，或许能瞒得了一时，但绝不会长久；或许能瞒得住一个人，但决不能瞒住所有人，且一旦被识破，结果也就不言而喻了。因此，为了自己长久和更好地发展，首先就要杜绝抱侥幸的心理。事实也证明，这反而是一种极为聪明的做法。

在一个小山村里，住着一位母亲和她的两个女儿。母女三人相依为命，日子虽过得简朴而平静，却也其乐融融。可是一天，母亲突然得了重病，这个沉重的打击，使原本就不景气的家庭经济状况更加恶化了。实在没有办法，大女儿决定出去碰碰运气，找一份工作贴补家计。

离她家不远的地方有一片很大的森林，听说里面充满着幸运。于是，大女儿向那片森林走去。可是在森林里没走多长时间，她便迷路了，就在她惊慌失措、饥寒交迫的时候，一间小屋赫然出现在她的面前。

刚走进那间小屋，她简直不敢相信自已看到的场景：桌子上杯盘狼藉，满地的灰尘。大女儿素来喜欢干净，于是当她身上暖和过来之后，便开始整理房间。她洗了盘子，把桌子擦得干干净净，还擦了地。

就在她把一切都收拾干净之后，屋外响起了脚步声，接着门被推开，进来九个小矮人。当他们看到屋里焕然一新时，感到非常惊讶。这时大女儿走过去，对他们说，因为妈妈生了病，她不得不出来找工作，本想进来歇歇脚，可看到屋子里很脏，就整理了一下。

小矮人们对大女儿表示了感激，并对她说，他们本来有一个仙女保姆的，可最近去度假了，房子才变得又脏又乱。如果大女儿愿意的话，他们可以临时雇佣她。

大女儿听后，高兴极了，马上表示愿意。

就这样，大女儿找到了工作。

第二天，当九个小矮人起床后，大女儿已经做好了早餐，并打扫干净了屋子。小矮人们很高兴，吃完早餐就出去了。大女儿把他们用过的餐具清洗一遍，擦了地板，然后着手准备晚餐。对于这份来之不易的工作，大女儿很珍惜，干起活儿来也很认真，手脚也勤快。

第三天，大女儿还是早早地起来做早餐，收拾屋子，清洗餐具，准备晚餐。第四天仍旧如此，第五天还是照样去干。

第六天，正当她要去厨房准备晚餐的时候，透过窗子看到了外面美丽的森林风景。“真美啊，来到这里这么多天了，我还从来没有出去好好看看外面的景色呢，现在正是时候。”这样想着，大女儿便向外面走去。

外面的风景果然美丽，花香扑鼻，绿草茵茵，布谷鸟在枝头鸣叫，不时有松鼠从一棵树上跳到另一棵树上去。等到太阳快落山的时候，大女儿才突然想起来屋子还没打扫，晚餐还没准备呢。于是，她急急忙忙地跑了回去，整理床铺、洗盘子、做晚饭，就在她以为一切都已就绪的时候，突然想起来还没有打扫地毯和地毯下面的灰尘呢！可是小矮人们很快就要回来了，怎么办呢？她突然灵机一动，决定不打扫地毯下面的灰尘了。她想：没有人会发现地毯下面有灰尘的，不打扫也无所谓。

果然如她所料，小矮人们回来后，并没有发现什么，更不知道地毯下面的灰尘没有打扫。

第七天，大女儿又跑出去玩，而且还是很晚才回来，又没有打扫地毯下的灰尘。她对自己说：“以后我每周打扫一次地板下的灰尘就可以了。”

就这样，又过了五天，小矮人们依旧没发现什么。他们回来之后，用过晚餐，便聚在一起打扑克。玩了几把之后，一个小矮人发现自己少了一张牌，于是他开始四处寻找，却没有找到。这时，另一个小矮人开玩笑地说：“大概是那张牌钻到地毯下面去了，要不然怎么找不到呢！”

他的话刚说完，居然有个小矮人相信了他的话，伸手就掀起了地毯，谁知，那张牌并没有看见，却看见了满地的灰尘。

最后的结局是，幸运之神不再眷顾大女儿，矮人们很生气地辞掉了她，她不得不离开森林，去寻找下一份工作。

你以一种什么样的态度来对待工作，工作就会用什么样的成绩来回报你。虽然人们都明白这个道理，可还是有很多人像大女儿那样，以为一时的偷奸耍滑并不会带来什么影响，可是他们却忽略了这样一个问题，有第一次就有第二次，而一旦偷奸耍滑的行为成为一种习惯的时候，不要说终究会有被人揭穿老底的一天，对自身的影响也是巨大的。就像那些惯盗被绳之以法的时候，总会对自己的第一次行窃懊悔万分，说如果当初能忍住不伸手的话，也就不会走到今天这一步。

世界上的许多事情尽管原因各不相同，但结果是相同的，为了不让同样的遗憾发生在自己身上，请表里如一、一丝不苟地去对待自己的工作，杜绝侥幸的心理。成功是实实在在的，容不得半点虚假和水分，工作也是如此。

潜能激发：梦想要现实

一个人没有梦想，就无法实现任何理想，当然也不可能有所获取。人可以一无所有，但不能没有梦想。人没有梦想，生活就没有目标；没有了目标，也就没有了进取心，这样你的人生就失去了希望。

那么，梦想产生的结果是什么？卓越的人生。

经过了无数真实的案例，我们认识到了思考的重要性。我们也从中得到这样一个启示：如果你拥有了强烈的欲望，并把这个欲望和你的行动、毅力结合起来时，你就会得到强大无比的力量。

19世纪早期，那时还没有发明炸药，矿工们开矿通常用很原始的办法，不但效率很低，也容易发生安全事故。为此，诺贝尔决心发明一种炸药，来帮助这些矿工解除苦难。

1864年9月3日，寂静的斯德哥尔摩市郊，突然发出一连串震耳欲聋的巨响，滚滚的浓烟霎时间冲上天空，一股股火苗直往上蹿。仅仅几分钟时间，一场惨祸发生了。当惊恐的人们赶到出事现场时，只见原来屹立在这里的一座工厂已荡然无存，无情的大火吞没了一切。火场旁边，站着一位30多岁的年轻人，突如其来的惨祸和过度的刺激已使他面无血色，浑身不住地颤抖着——这个大难不死的青年，就是后来流芳百世的大化学家诺贝尔。

诺贝尔眼睁睁地看着自己所创建的硝化甘油炸药的实验工厂化为灰烬。人们从瓦砾中找出了5具尸体，其中一个是他正在上大学读书的、活泼可爱的弟弟，另外4人是他亲密的助手。烧焦的5具尸体，令人惨不忍睹。

诺贝尔的母亲得知小儿子惨死的噩耗，悲痛欲绝。年老的父亲因太受刺激而引起脑溢血，从此半身瘫痪。然而，这一连串的打击并没有令诺贝尔退缩。几天以后，人们发现在远离市区的马拉仑湖面上，出现了一只巨大的平底驳船，驳船上并没有什么货物，而是摆满了各种设备，一个年轻人在全神贯注地进行一项神秘的试验，他就是在大爆炸后被当地居民赶走的诺贝尔。

大无畏的勇气往往令死神也望而却步，诺贝尔没有连同他的驳船一起葬身鱼腹，而是经过多次试验，发明了雷管。雷管的发明是爆炸学上的一项重大突破。接着，他又在德国的汉堡等地建立了炸药公司。

一时间，诺贝尔生产的炸药成了抢手货，源源不断的订货单从世界各地纷至沓来，诺贝尔的财富与日俱增。

然而，事情并没有那么顺利，不幸的消息接连不断地传来：在旧金山，运载炸药的火车因震荡发生爆炸，火车被炸得七零八落；德国一家著名工厂因搬运硝化甘油时发生碰撞而爆炸，整个工厂和附近的民房变成了一片废墟；在巴拿马，一艘满载着硝化甘油的轮船，航行途中，因颠簸引起爆炸，整艘轮船葬身大海……

面对接踵而至的灾难和困境，诺贝尔并没有被吓倒，也没有被压垮，他凭着对梦想的执着，把所有的挫折都踩在了脚下。

最后，诺贝尔成功了，他赢得了巨大的成功。他一生共获专利发明355项，并用自己的巨额财富，创立了诺贝尔奖，被国际科学界视为一种至高无上的荣誉。

梦想是一个人的精神支柱，没有梦想的人生，只会是一片苍白。爱默生说："一个人就是他整天所想的那些。"曾经统治罗马帝国的伟大哲学家马尔卡斯·阿理流士也认为："生活是由思想造成的。"成功的人，永远都是有着自己的梦想并为之而不断奋斗，遇到再大的挫折也不言放弃的人。

梦想是什么，梦想就是那些在天上飞着，你还没有得到的东西，它不在我们身边，我们身边的东西，称之为现实。然而，我们耳边也总不乏这样的声音：做人还是现实一点的好！发出这种声音的，往往是那些追梦没有追上，而又从追梦的过程中"幡然醒悟"的人。他们以自身的经验向我们证实着梦想只是可望而不可即的，我们也应该从自己的"梦"中醒来这个道理。在这里还是奉劝那些"老前辈"们，你们没有追上梦想不等于别人也追不上梦想，不要用自己的观念去扼杀别人的思想。

如果说人生的痛苦是梦醒后的无路可走，那么连梦想都没有，就是人生最大的悲哀了。或许我们由于能力的限制没能实现自己的梦想，但是，只要你曾经有过梦并为它而努力过，那么你的人生就是丰富的。

做人，不能太现实了，太现实了，就会坠入庸俗之中。游离于现实而又不脱离现实，应该是做人的一种智慧吧！

第五章
做出正确的选择

很多人把自己的不幸和挫折归咎于命运，认为这是上天对自己的不公。但却忘了，当初做出选择的是我们，而不是上天。所谓的命运，也只是我们一次次选择后的结果。

你绝不是别无选择

现实生活中，我们可以看到很多在大公司工作的职员，他们无一例外地都拥有渊博的知识，接受过专门的职业培训，有一份在外人看来非常体面的工作，拿一份十分丰厚的薪水。但是，他们并不快乐。

之所以不快乐，是因为他们没有按照自己的喜好去选择适合自己的职业，结果入错了行。他们不能从工作中感受到生活的乐趣，相反好像仅仅是为了生存而不得不出来工作，把工作当成了谋生的工具，视工作如紧箍咒。

这些人整天处于紧张的精神状态中，而内心却十分孤独，甚至一片空白，常常生活在抑郁之中。

令人疑惑不解的一个问题是：这些人宁愿生活在痛苦中维持现状，也不愿运用自己的选择权利去重新选择自己喜欢的行业。

这些人之所以维持现状，显然是因为他们从内心里害怕这种选择，或者说他们在自欺欺人地逃避这一事实。因为就他的现状而言，待遇不错，公司也有发展前途，工作又有保障。假如他辞职重新进入新公司，他必然要将自己归零，从头做起。就短期而言，肯定没有他现在薪水高。当然，也许他不在意薪水的高低，而是考虑到假若他辞去现在的工作，他必须得重新打“基础”，与他那些一毕业就参加工作的同学相比较而言，位置的高低落差会使他产生心理失衡感。更为重要的是他担心万一自己参加新工作后，不能有所作为，那么还不如维持现状。

如此进入了一个恶性循环的怪圈，即使对现在所从事的工作不满，由于顾虑重重，害怕选择，不敢动用自己的选择权。那他只能维持现状，整日生活在郁郁寡欢的状态之中……

杰里是个不同寻常的人。他的心情总是很好，而且对事物总是有正面的看法。当有人问他近况如何时，他总会回答：“我快乐无比。”他是个饭店经理，却是个独特的经理。因为他换过几个饭店，而有几个饭店的侍应生都跟着他跳槽。他天生就是个鼓舞者。如果哪个雇员心情不好，杰里就会告诉他怎么去看清事物的正面。这样的生活态度实在让我好奇，终于有一天我对杰里说：“这很难办到，一个人不可能总是看清事情的光明面。你是怎么做到的？”

杰里答道：“每次有坏事发生时，我可以选择成为一个受害者，也可以选择从中学些东西。我选择从中学习。每次有人跑到我面前诉苦或抱怨，我可以选择接受他们的抱怨，也可以选择指出事情的正面。我选择后者。人生就是一种选择，当你把无聊的东西都废除后，每一种处境就是面临一个选择，你选择如何去面对各种处境，你选择别人的态度如何影响你的情绪，你选择心情舒畅还是糟糕透顶。归根结底：你自己选择如何面对人生。”

几年后，我听说杰里做了一件饭店人员永远也不会做的事：有一天早上，他忘记了关后门，被三个持枪的强盗拦住了。强盗因为紧张而受了惊吓，对他开了枪。幸运的是，事情发现较早，杰里被送进了急诊室。经过18个小时的抢救和几个星期的精心治疗，杰里出院了，只是仍有小部分弹片留在身体里面。我问他当强盗来时，他想些什么。“第一件在我脑海中浮现的是，我应该关后门，”杰里答道，“当我躺在地上时，我对自己说有两个选择：一是死，一是活。我选择了活。”“你不害怕吗？你有没有失去知觉？”我问道。杰里继续说：“医护人员都很好。他们不断告诉我，我会好的。但在他们把我推进急诊室后，我看到他们脸上的表情，从他们的眼中，我读到了‘他是个死人’。我知道我需要采取一些行动了。”“你采取了什么？”“护士都停下来等着我说下去。我深深地吸了一口气，然后大声吼道：‘子弹！’在一片大笑声中，我又说道：‘我选择活下来，请把我当活人来医，而不是死人。’”

杰里活了下来，一方面要感谢医术高明的医生，另一方面得感谢他那惊人的生活态度。从他那里，我学到了生活充满了选择，而生活的态度就是一切。

如果一个人毫无原则性滥用自己的选择权，例如在工作中频繁地跳槽，最终也将会受到严重的惩罚。因为频繁的跳槽，使人对工作不能专一，使自己的事业没有成就感，随着时间的推移，发现自己不过是绕着原地跑了一圈，醒悟时，许多机会都被自己扼杀。其实，不管什么事情都有个度，就像在拉弹簧秤一样，如果你不用力，不知道这东西几斤几两，如果你用力过猛，弹簧秤不能复位，就成了一件废物。

潜能激发：选择如何面对人生

我们能不能找那么一天，一个人静静地想一想，如果我们自己就是生活的主人，我们会选择什么样的学校，学习什么样的专业，结交什么样的朋友，穿什么样的衣服……人生就是选择。如果你仅仅只是想轻松自在地享受每一天，为什么不这样做呢？做自己的主人，选择如何面对人生。

也就是说，每个人都有选择的权利，正确运用选择权的前提是：首先确定选择的根据和标准，以此作为你进行选择的准绳。每当你运用选择权进行选择的时候，都要用这个标准作为尺子来衡量一下，看看它是否符合你选择的准绳。

比如一个人手中拿着一本自己很感兴趣的书站在墙根，一只脚踏地，一只脚向后蹬在墙上，可以连续几个小时保持这一姿态，并且不感觉乏累，相反还其乐融融。假设同一个人，只是手中没有了那本令他感兴趣的书，再让他以相同的姿态站在墙脚下，过不了几分钟他便会感到腰酸腿痛，坚持不住了。工作与此道理相同。所以，一个人在运用自己的选择权选择其职场位置时，一定要以自己的天赋所在为依据，以自己的喜好为准绳，以自己的兴趣为尺度。只有这样你才不会觉得工作压力越来越大，情绪越来越紧张，没有成就感。相反，你不仅会拥有一份得心应手的工作，还会享受到工作给你带来的美好感受。

我有一位朋友，已经52岁了。他是一家基础稳定的制造公司的执行副总裁。他本身是个工程师，同时也有很杰出的管理才能。可是在他的身上却发生了两件对他很不利的事情：当经济不景气时期来临时，一家跟他们竞争的公司有了新发明，使得他公司的生产线完全停顿了下来。他的公司宣布关闭时，正是就业机会最少的时候，尤其是一个过了50岁的人，更难找工作。最后，情况越来越糟，只要能找到工作，不管什么工作他都愿意接受。他并不气馁，他只希望能够工作。事实上，他必须找个工作。他敲了很多家公司的门。“对不起，现在并没有任何工作机会。把你的姓名留下来吧。”就是如此，一天一天地过去。

最后，有一位人事经理在看过他的人事资料之后，有点犹豫地说：“你有很好的工作经验。我们现在并不缺人，但不久以后，我们将有一个空缺，职位很低，我相信你可能不会有兴趣。你看问题是你的条件太好了。”

“条件太好，没有这回事。我虽然是个工程师，也可以拿起扫把。我将向你证明，我是本地最好的一个打扫工人。”他真的被录取为管理员的助手了，也就是一名打扫工人。但是，他把他的技术，应用在他的打扫工作上。他十分努力，因为把每件工作都在预定的时间之前完成，然后回去要求指派更多的工作。

后来，他成为那家机构的某部门经理。再后来，他成了该公司的总经理。

这就是选择的力量，只要你积极地选择权利，你就会对你的人生做出最正确的选择，并使你的人生充满着辉煌。

要么抉择，要么放弃

根治犹豫不决这一顽症的良药就是当机立断，你必须这样，要么以自己最快的速度做出选择，要么选择放弃。

人生就像一场比赛，你的对手就是时间，一旦你因犹豫不决而空耗时间，你就会被淘汰出局。倘若你面对选择时，能当机立断，就有可能获胜。

汤姆斯在大学里，看起来像一个典型的容易成功的人。他不用费什么精力就能取得优异的成绩。同学们一致推举他为“最可能成功的人”。

成绩优异的汤姆斯在大学毕业择业时，选择空间很大。但使他头疼的是：不知该如何抉择。好不容易才确定了两家规模较大的公司作为候选对象，但这两家公司各有其独特的吸引力。此时汤姆斯便开始犹豫了，不知道选择哪家公司，放弃哪家公司。就在汤姆斯处于既不选择也不放弃的状态时，这两家公司都确定了更合适的人选。汤姆斯与这两家公司都失之交臂了。

后来，汤姆斯凭借其优异的成绩进了纽约一家大型保险公司的销售部，最初干得不错。然而，不久他就停滞不前了。因为他再次面临了毕业时的状况：有一家猎头公司想挖他到另一家大型保险公司的销售部去当经理。汤姆斯不知该留在原公司，还是去另一家公司，他把全部的精力都耗在了是去还是留这一问题上。

人们常说一心不能二用，在这种状态下，汤姆斯自然无法集中精力工作。结果因一次工作失误，他给公司带来了巨大的损失，失去了自己的位置。另外那家公司也没敢聘用他。于是他不得不托关系转到一家小一些的公司。在那里同样的局面又出现了：最初受人欢迎，被当作最容易成功的人，但不久，他又上演了同样一出闹剧，整个人就像一个潮湿的爆竹，没了生气。

他一直纳闷自己为什么没能做得更好。

与此相反，另一位同学兰德尔，成绩没有汤姆斯优秀，但他把做保险看作自己的人生目标。

在一次招聘会上，有一家大型的电器销售公司想出高薪聘用他，同时也有一家人寿保险公司想聘用他，但待遇没有那家大型的电器销售公司好。但兰德尔还是果断地放弃了那家电器公司，选择了人寿保险公司，并一直坚持下来，最后他跻身于全美保险事业中最优秀的销售人员之列。

为什么像兰德尔这样的“平凡人”常常会比汤姆斯那种“优秀”的人取得更大的成功呢？汤姆斯与兰德尔最大的差异就是：汤姆斯面对取舍问题时总不能做出决断；而兰德尔面对取舍问题时总是果断地做出决定——或者选择，或者放弃。

正是由于这种差异导致两人的职场人生大相径庭：兰德尔的前途充满阳光；汤姆斯的前途则黯然失色。

假如汤姆斯在纽约那家公司工作时，能够全身心地投入工作中，或者他放弃自己当时的位置，选择猎头公司为他提供的那家公司，并集中精力踏踏实实地工作，很有可能他比兰德尔所取得的成绩更大。

一个人要想在工作中有所作为，最明智的方法就是选择一份即便薪水不高，也愿意做下去的工作。当你一直热衷于自己所从事的工作时，你就会登上事业的成功之梯，金钱自然也会随之而来。

对于那些深受犹豫不决之苦的人来说，唯一改正的办法就是做出果断的决定：要么选择；要么放弃。否则如果你总是打不定主意，渐渐地便养成了办事拖拉懒惰的习惯，对一位想有所作为的人来说，这种恶习最具破坏性，也是最危险的，它将成为摧毁你取得胜利和成就的武器。

潜能激发：选择决定成败

任何人都有选择的权利，关键在于你如何选择。生活当中的成功与失败并不在于做事的方法，而在于你所做出的选择，只有你选择了正确的方向并坚持下去才会有所收获。

在人生的航程中，你必须有这样的抉择：你是任凭别人摆布还是坚定地自强；是总要别人推着你走，还是驾驭自己的命运，控制自己的情感。

许多人的生活就像秋风卷起的落叶，漫无目的地飘落，最后落在某处，以至干枯、腐烂。

每个人都会经常面临选择，这就好比生老病死构成了人的根本处境和命运一样。政治因素、社会因素、经济因素、生理和心理因素、伦理道德因素、法律因素，还有文化的、哲学的因素……全都纠结、交错在一起，共同参与、决定了一个重大的选择点。一个重大的选择，无一例外都是上述诸因素的“合力”结果。一次选择即是一个人的人生价值观念的一次大暴露。不仅是意识层的暴露，更是潜意识层的暴露。因为潜在动力更具有决定作用。

人的本质是在所选择、追求的对象上面充分显示出来的。你选择什么、追求什么，你的本质就是什么。也就是说，只要人在追求，他就在选择。

我们的人生是自己选择的，选择伴随着我们的一生，也决定了我们一生的成败和优劣。在今后的日子里我们过着怎样的生活，完全取决于自己的选择与决定。生活中的那些失败者，他们大部分的失败并不是因为他们做事的方法不对，而是因为他们所做出的决定不正确。

成功是一种选择，选择仿佛是我们的身影，仿佛是竖立在我们人生曲折道路上的一块块路标。有的路标严峻地出现在何去何从、前途未卜的十字路口上，这是人生决定性的时刻。决定性的时刻需要决定性的、不可回避的、勇敢的选择。决定性的选择需要决定性的果断和勇气。这果断和勇气，有猜测和赌博的成分，但更多的是来自知识和智慧的判断，来自一个人性格的力量。从这种意义上我们能够说，一个人的性格即一个人的命运。你选择了奋斗和坚持就是选择了成功，而不做这个选择便是选择失败，所以失败也是一种选择。

人生不过是一连串的选择的过程，一个一个的选择，构成了我们今后的人生。为什么有的人穷困潦倒，有的人却功成名就？有的人在失败面前丧失了斗志，而有的人却从失败中站起，最终实现人生的辉煌？是运气、机遇，还是命运？

真正主宰我们的不是我们所遇到的事情，而是我们当时所做出的决定。

布朗是美国一位成功的电影制片人，但他先后被三家公司革职，才体会到大机构的生活对他不合适。布朗开始仔细检讨自己的工作态度。他在大机构做事一向敢言、肯冒险，喜欢凭直觉做事，这些都是当老板的作风。他痛恨以委员会的形式统筹管理，也不喜欢企业心态。分析了失败的原因后，布朗自立门户，摄制《大白鲨》《裁决》《天茧》等影片。布朗并不是一位失败的公司行政人员，他天生是个企业家，过去只是做错了选择而已。

所以说，选择决定成败。有什么样的选择，就有什么样的人生。面对困难，你可以选择放弃，也可以选择坚持；面对成功，你可以选择喜悦，也可以选择平静。我们没有能力去改变现实，但至少我们可以选择面对现实的心境。我们没有办法控制他人，但至少能掌握自己思想的方向。

在我们的一生中，没有必要去抱怨别人，毕竟抱怨别人不会改变任何现状，只会让我们沉浸在痛苦之中。航船总会遇到风浪，人生也是如此，面对困难，我们应该学会勇敢地面对。

人生中没有能不能，只有要不要。只要你一定要，你就一定能。面临失败时，该怎么做，取决于你的一念之间。

不同的两种心态，造就了不同的两种人生。我们的生活并非全部由生命所发生的事情来决定，而是由你自己面对生命的态度，以及对待事情的态度来决定。态度决定我们人生的成功与失败。

在我们前进的道路上，虽然我们无法改变环境，但却可以改变我们的心境，改变我们的态度。所以，一个人具有怎样的人生态度或者选择怎样的态度，就会得到怎样的人生。所以，谨慎对待你的选择，因为选择决定我们的人生。

选择伴随人生

人人都会面临各种各样的危机，如信仰危机、感情危机，等等。在痛苦和烦闷中，正确的选择和变动，会使我们积聚起一种新的能量，重新面对这个世界。

在这种危机之中，你只能有一个选择，这如同你不会游泳而被人推到河里一样，除了学会游上岸使自己不至于淹死外而别无生路。只有无路可退时，你的“自我”才会向前迈进，迈向你不熟悉的未知领域，你便成长了、成熟了。

就整体而言，人生是一条奇特的、荒诞的几何曲线：出生的起点是绝对非选择性的，终点对我们每个人至多只有一半的可选择性。其余中间的绝大部分线段便是由一个个大大小小的选择环节所构成。

人与人的差距，更多体现于思想方法，虽然初始时就那么一点点，但日积月累就越拉越大，所以发现差距及时总结，方能迎头赶上。

人要善于观察、学习、思考和总结。仅仅靠一味地苦干奋斗，埋头拉车而不抬头看路，结果常常是原地踏步，明天仍旧重复昨天和今天的故事。

成功的规则未必那么明显，需要很高的悟性与洞察力。面对差距和挑战，及时调整心态，增强自己的独立思考、多谋善断、随机应变的能力。

从这三点我们可以看出，这是一种人生哲学的思维方式。人生哲学研究表明，出生不是很重要。因为它是偶然发生的、机遇的、非选择性的。人生的真正起点是主动选择。唯有主动选择才能有你的“自我”，有你的“自我表现”机会，你才成为你自己的主体。

贝多芬就公开藐视家庭出身，高度赞美选择。在他看来，公爵之所以成为显赫人物，仅仅是由于出生这一纯属偶然的机会造成的，而贝多芬之所以成为贝多芬，全在于他自己的选择，全在于他自己的坚强意志、奋斗和努力。

在我们一生中，几次关键性的、决定我们一生成败的优劣的选择都集中表现在事业和爱情上。所谓的选择，即命运的选择、事业和爱情的选择。

在我们的一生中，事业的选择并不是一次性的，并不是一锤定音。第一次选择当然最重要。它一般发生在高中毕业的时候。当你既酷爱钢琴又迷恋于物理学，在报考音乐学院和物理系之间做决定性选择的时候，你一定深感痛苦。因为你两样都爱，都想把它们抓住不放，决不甘心放弃其中一样。最好的选择方案可能是读物理系，把钢琴作为业余爱好，成为你终生快乐、安慰的源泉。即使是进入了大学物理系，也会面临着选择。比如在理论物理和应用物理之间进行选择。也许，最富有戏剧性的选择是当你读到三年级的时候，你突然对诗歌和小说创作发生了极大兴趣。这种兴趣竟超越了物理学。这次在文学和物理学之间的选择，需要极大的勇气，因为你要抗击来自外界的强烈舆论和环境的压力。

听从你的内在声音吧！新的选择会使你不断“发现自己”。你看，选择的力量结出了奇异的艺术花朵。我们每个人的人生都会面临很多次选择，好好把握你的人生吧，抓住选择的有利时机，你的生命就会开出美丽的花朵，结出丰硕的果实。

潜能激发：把选择授权给自己

每个人都应该确定自己的位置和人生路径，因为你将按照你自己设想的身份行动、创造、取得成就。如果你认为你必须靠卑躬屈膝、恳求或挣扎来表明你的梦想，成功之路你是无法征服的，甚至是令你恐惧的。但是如果你能认识到在你面前的每一次决定都是回忆起你是谁和你想要什么的一次邀请，选择的过程就会变得令人兴奋，实现梦想的勇气就会自然、容易地随之而来。

选择就是授权给自己。每当我们对一条路线说“是”，而对另一条路线说“不是”时，生命力就会冲过来支持你的决定。通常你选择什么并不重要，而关键是你要做出选择。正如威尔·罗杰指出：“如果你坐在路中间，从任何方向你都可能被车撞到。”

一天，当阿峰第一次研究纯粹哲学的时候，他和一群精神导向的朋友度过了一天。他们外出去旅行，他们一边开车向武汉长江大桥走，一边决定是去看电影还是回家。“你们这群家伙想干什么？”司机问道，“我好决定走哪条路！”

“我去哪儿都行。”一个同伴宣布。另一个回应：“我没有异议。”另一个人报告：“我随便。”阿峰的反应是：“我跟大伙一块走。”这时，司机脚踩刹车把车开到了路边上，突然回过头来以一种权威的口气宣布："嗨，你们这群新世纪的醉汉，你们只有这一次机会，必须说出你们到底想要到哪里去——否则我们哪儿也不去。"

他们都怯懦地互相看看。然后，一个同伴说："我想回家。""是的，我也是。"另一个说。"我真的不想去看电影。"阿峰承认。"好！让我们继续前进！"最后一个同伴喊道。

"谢谢你们，"司机得意地回答，"现在我们能回家了！"他踩了一下油门。

当他们必须做出肯定的选择时，他们都选了回家。梭罗说："安心地沿着你梦想的方向走，过你想象中的生活。"威廉·詹姆士提出了一个对任何重要的人生选择都可坚持到底的有效原则：①大胆；②从现在开始；③没有例外。

对于你的新生活，你不是通过乞求，而是通过选择使它高尚。预知未来的最好的方式就是去创造。

选择的意义与方法

卡耐基认为：人到了一定年龄，就要做出生命中最重要的一项决定，这项决定将深深地改变人的一生，它决定“你的幸福、你的收入、你的健康”，这项决定“可能造就你，也可能毁灭你”。这个重大决定就是：你如何去谋生？它是关系你未来发展的人生选择。

从人生层面理解，人生选择就是人们在人生流程中，根据一定客观条件，依据一定的目的、情感和意志，对自己人生事业的选择。

人生选择是自我意识觉醒的表现。人生选择是伴随着自我意识的觉醒而提出的。自我意识的觉醒和具备一定的自我选择能力，是人生选择的必要条件。

人生选择的意义表现在：一是人生选择是对自身价值的肯定。人生选择是困难的，甚至是痛苦的，它需要人们鼓足勇气，做命运的强者。人生的主体认真履行自己选择的权利，在事业选择的紧要处，选择一条正确的人生道路，是对自身价值的肯定，也是一个人理想、意志、信念、勇气、知识和才干等方面的综合检验，还是对命运的一种有力挑战。选择的意义也在于此。二是正确的人生选择是创造成功人生的关键。人生选择首先是一种目标选择，是确立个人事业的前进方向。科学人生目的的确立，是正确选择人生的关键，直接决定着每个人一生事业的成败。正确的人生选择只能建立在科学认识自身、社会及其关系的基础上。“适乎世界之潮流，合乎人群之需要”是人生选择的根本原则。人生主体只有顺应社会来进行自我的选择，人生的道路才愈走愈宽，人生的价值才能呈正向状态。

人生选择的方法主要有：一是客观地认识自我。人生事业是否正确合适，重要的一点是要有自知之明。要自知其短，更要自知其长。人们只有到了能够最清醒地把握自己的长处和短处时，才有可能选择正确而合适的个人奋斗目标和事业。二是把自我选择和社会导向有机结合起来。自我选择并不是主观任意的选择。人们要获得事业上的成功，必须得到社会认可，这就要了解自己所处的社会对人才的要求，自觉服从社会和人民的需要。另一方面，社会导向只是粗线条的，它不可能对每个人进行周密恰当的设计。因此，个人必须从实际出发，采取积极主动的态度进行自我选择。既反对偏离社会需要的自我选择，也反对借口社会需要压制的自我选择。

潜能激发：选择造就幸福人生

幸福，寻找它的人多，得到它的人少。人们常常以为，在金钱、财产和人际交往中能够找到幸福，可是他们却忘了，幸福并不是得到什么，它是心灵在感受到自我实现时所处的状态。一个每天带着期望去生活的人，一个在生活中感到快乐满意的人，可以说，都是幸福的宠儿。幸福是自然的，不幸是因为我们内心所具有的恐惧、焦虑和紧张。多数的人只是在短暂爆发的时刻才感觉到片刻的幸福，然而，事情过去之后，他们又重新回到日常的状态。

那些把自己的喜怒哀乐完全寄托在外物之上的人，幸福的大门并不会向他打开。希望自己幸福吗？我们完全可以自己选择。当然，你可以让外界事物来决定你的幸福，但你也可以凭自己所做的一切而感到幸福。这时候，即使生活中发生了各种不幸，也不会妨碍你去选择幸福。你的生命还在，你的呼吸未停，你还可以看着这本书，从中吸取养料，生活中会有很多让你感到幸福的事。即使其他的暂时你还无法做到，至少，你还拥有把握幸福的能力。

不要活在过去，我们要把握的是今天、明天，我们需要的是未来的幸福。你的态度决定了你的幸福：如果你消极悲观，处处不满，整天唉声叹气，那你永远也进不了幸福的门。

要相信自己配得上幸福，重要的是这种信心，有了信心，也就有了幸福。抛开你从前对生活的那套愤世嫉俗的观点，鼓励自己继续往前，去接受变化，去拥抱原本就属于你的幸福，去做希望和成功的忠实信徒。这一切，需要的只是勇气，而这种勇气就在你心里，唤醒它，抓住它，你就会拥有更美好的生活。

不要自己画地为牢、作茧自缚，要让新鲜的空气进入自己的内心，不要在那肮脏单调的巢穴里坐等生命的流逝。一个对自己所做的事情丝毫不感到乐趣、意义的人，是不可能产生幸福的感觉的。变化，要记住，首先是变化，有了变化就有了幸福的可能；它就是动力，就是轮船，会把你带到想去的地方。

生活不是重复，你今天所做的，完全可以和昨天不同，你永远有用不完的机会。而幸福，首先就意味着寻找机会、把握机会。如果觉得现在的一切并不能带来成就感，并不能让你满意，那么为什么不去改变它呢？去寻找你的目的、你的意义，然后全身心地投入吧！在这点上不必吝惜时间，因为它带给你的将是幸福。逼迫自己去面对变化、接受变化，幸福，就在你的选择中！

世界上最幸福的人，是那些克服了艰难险阻、忍受了长期的煎熬，但始终在斗争、在坚持的人。就我个人所见，最幸福的，也是那些不怕付出、不怕牺牲、敢于尝试、敢于冒险的人。没有经历苦难波折，没有经历生死搏斗，就不可能有幸福。

想一想自己走过的路，自己克服的那些阻碍，在挫折和奋斗中自己得到的教训和经历；想一想，自己最幸福的时刻，难道不正是经过努力坚持，终于攻克重重难关的时刻吗？不正是自己开始还心有怯意，最终却出色地完成了一项任务的时候吗？或者，是自己本来都以为不能坚持，以为苦难不会结束，最终咬咬牙却挺过去的时刻吗？

生活随时随地会遭遇各种挑战。我们越是能够将不利变成机遇，就越有可能过上幸福的生活。你的生活将变成一场没有间歇的盛大庆典，所有机会来临的时刻都是你的节日。没有什么能够约束你思考、行动的自由，没有什么能限制你去发展这些方面的能力。你完全可以享受生活的种种乐趣，你唯一需要的是给自己去接近、去达到、去创造欢乐的机会。

第六章
让自己不可替代

再坚固的城墙都经不起岁月的侵蚀，再牢固的堤坝都有被河水冲垮的一天。我们对自我的定位也是如此，需要对其不断加固、不断修葺，才会变得固若金汤。

别失去位置

在篮球比赛中，我们经常能听到教练在一边大声地提醒球员注意防守，别失去了自己的位置……在防守中，一旦失位，也就等于给了对方把球投进的最佳机会。其实，不光是在篮球比赛中，其他比赛中也如此：足球比赛中，一方前锋带球一路而来，作为另一方的后卫，你必须把位置卡死了，不然就给对手留出了射门的角度；在田径比赛中也是如此，你只有卡好位置，才不会给紧随其后的人超越你的机会。

对于人生和生活来说也是如此。尤其是对于志在成功的人来说，切不可失去自己的位置，不然非但一事无成，还很有可能被人踩在脚底下。这一现象在职场中，显得尤其明显。

任何一个公司都有人员流动的情况，但不管离开某个职位的员工是主动的还是被动的，也不论是人才还是庸才。他所离开的这个位置从来都不会处于空缺状态。

从心理角度讲，逃避是一种普遍的心理现象。比如：员工遇到问题时，下意识地逃避责任；工作不顺心时，会不想上班；不喜欢上司时，走路都会绕远；付出心血而没有成功的事情，会不愿意再提起；工作没业绩时，会想换一个工作环境等。逃避是一种保护，就像逃避大雨、火、冰、闷热一样，这种心理让持续的疲惫、紧张和烦闷有了一个喘口气的机会。但这种盲目的自我保护却常常因为个人的短见而毁了自己。

有一个年轻人，朋友约他一起去买衣服。当然，他对衣服并不是有很特别的眼光，既然受到邀请，又正好有空，就答应一道去了。逛了好几家商店，朋友面对各式各样的款式，似乎有些无所适从，一直拿不定主意，还不断地问："这件如何？""那件好看吗？"开始时，他也慢条斯理地回答朋友，但后来他开始着急了，而主动对朋友说："你看，这件蛮好看！"朋友说："是吗？既然你这么说，我就把它买下来。"这才买下一套衣服。

但在数日后，他听到令他很不悦的话，那位朋友竟然对别人说："他的眼光真差，居然看中了这套衣服！"当时他觉得是朋友主动要求自己提供意见的，如今却在背后如此贬低自己，这种行径未免太恶劣了。但是若因这件小事与对方闹翻，又觉得太幼稚，结果他决定保持沉默，并汲取这次教训。

想必你也遇到过这种情况。这种类型的人在表面上对于别人的意见照单全收，而实际上他这么做只是为了逃避责任。这就是心理学所说的"抑制过剩"，凡是这种心理现象明显的人，都会有类似的行为。

所谓"抑制过剩"是指过分抑制心理的欲望，使其表面看来似乎思虑很周密、谨慎，并且保持谦卑的低姿态，其实他可能因无法本能地满足自身的欲望，而轻易地听信别人的建议，自己又说不出个道理来。

不过，这种心理倾向，即使没有"抑制过剩"现象的人，也多少都会有。譬如，在开会时，或许事前对会议中心议题，没有做深入的了解，所以，不能积极地提出自己的意见。会后，若有人对他在会中的表现有看法时，他会借故解释自己只是顺从大家的意见，以此来逃避责任。因此，你如果单从表面上的顺从来判断一个人的话，那你很可能会掉进对方并非有意识设置的陷阱里，造成对自己不利的后果。

现代社会的激烈竞争和残酷倾轧，使越来越多的人不愿面对应承担的责任，行事带有孩子气，渴望回归到孩子的世界。但这种心态如果发展到极端，就会失去自己应有的位置，使自己的发展受到严重阻碍。

潜能激发：位置存在的必要性

在前面我们已经说到，任何一个位置都不可能处于空缺状态。当处在这个位置上的人因故离开后，会有其他的人马上补上。

举个例子来说吧。

我们知道任何一场篮球比赛都有替补队员。一旦某一位置上的队员体力不支，或者其他的什么原因，不能在自己所处的位置起到应有的作用，达不到这个位置的要求时，就会被替补队员替下场。

可见，对于任何一个球员来说，无论你能在这个位置上发挥多大的作用，也不管你所在的位置多么重要，这个位置并不是非你莫属，你不拥有这个位置的所有权。

你知道吗？自己所在的职场位置也有“替补人员”。

与球赛所不同的是，你的“替补人员”处于非显在的隐性状态。你虽然不知道他是谁，甚至对他的基本情况一无所知。但他确实是存在的。

比如老板的秘书这个位置，从李秘书改为张秘书，继而又变为高秘书……无论这个位置上的人员如何更迭，也无论其更迭的频率多快，有一点是恒定的：秘书这个位置不会处于空缺状态。

所以，我们可以肯定地说：在老板眼里没有空缺的位置。

工作中的任何一个位置都有其存在的必要性，均有其相应的价值。否则如果这个位置不能为公司带来效益，不能为老板创收，这个位置就失去了它存在的必要性，就会被撤销。实质上，老板看重的是位置所产生的价值，而不是位置本身。

显然，在公司创办初始，老板并不是由于某个具体的个体才设立了这个位置，而是根据公司发展的需要才设置的。

所以，从理论上来讲，无论你从事什么样的工作，决定你成功的最重要的因素不是智商、领导力、沟通技巧、组织能力、控制能力等等，而是一种努力行动、使事情的结果变得更积极的心理，也就是要在自己所处的位置上发挥出最大的功率。齐瓦勃以他的成功很好地诠释了这一点。

齐瓦勃是伯利恒钢铁公司——美国第三大钢铁公司的创始人。他出生在美国乡村，只受过短暂的学校教育。15岁那年，家中一贫如洗的他就到了一个山村做了马夫。然而雄心勃勃的齐瓦勃无时无刻不在寻找着发展的机遇。3年后，齐瓦勃来到了钢铁大王卡内基所属的一个建筑工地打工。一踏进建筑工地，齐瓦勃就表现出了强烈的责任感。当其他人都在抱怨工作辛苦、薪水低并因此而怠工的时候，齐瓦勃却一丝不苟地工作着，并开始自学建筑知识。

一天晚上，同伴们都在闲聊，唯独齐瓦勃躲在角落里看书。那天恰巧公司经理到工地检查工作，经理看了看齐瓦勃手中的书，又翻了翻他的笔记本，什么也没说就走了。

第二天，公司经理把齐瓦勃叫到办公室，问：“你学那些东西干什么？”齐瓦勃说：“我想我们公司并不缺少打工者，缺少的是既有工作经验又有专业知识的技术人员或管理者，对吗？”经理点了点头。不久，齐瓦勃就被升任为技师。打工者中，有些人讽刺挖苦齐瓦勃，他回答说：“我不光是在为老板打工，更不单纯是为了赚钱，我是在为自己的梦想打工，为自己的远大前途打工。我们只能在认认真真的工作中不断提升自己。我要使自己工作所产生的价值，远远超过所得到的薪水，只有这样才能得到重用，才能获得发展的机遇。”抱着这样的信念，齐瓦勃一步步升到了总工程师的职位。25岁那年，齐瓦勃做了这家建筑公司的总经理。

卡内基的钢铁公司有一个天才的工程师兼合伙人琼斯，在筹建公司最大的布拉德钢铁厂时，发现了齐瓦勃超人的工作热情和强烈的责任感。当时身为总经理的齐瓦勃，每天最早来到建筑工地。当琼斯问齐瓦勃为什么总来这么早的时候，他回答说：“只有这样，有什么急事的时候，才不至于耽搁。”工厂建好后，琼斯推荐齐瓦勃做了自己的副手，主管全厂事务。两年后，琼斯在一次事故中丧生，齐瓦勃接任了厂长一职。因为齐瓦勃的天才管理艺术及工作态度，布拉德钢铁厂成了卡内基钢铁公司的灵魂。因为有了这个工厂，卡内基才敢说：“什么时候我想占领市场，市场就是我的，因为我能造出又便宜又好的钢材。”几年后，齐瓦勃被任命为钢铁公司的董事长。

后来，齐瓦勃终于独立建立了属于自己的大型伯恒钢铁公司，并创下了非凡的业绩，真正完成了他从一个打工者到创业者的飞跃，成就了自己的事业。

不论做什么事，务必竭尽全力，正如齐瓦勃一样。这种对事业的责任心的有无可以决定一个人日后事业上的成功与失败。一个人工作时，如果能以生生不息的精神、火焰般的热忱，充分发挥自己的特长，那么不论他所做的工作怎样，都不会觉得劳苦。如果我们能以充分的热忱去做最平凡的工作，也能成为最精巧的工人；如果以冷淡的态度去做最高尚的工作，也不过是个平庸的工匠。倘若能处处以主动、努力的精神来工作，那么即使在最平庸的职业中，也能增加他的威望和财富。

不管你的工作看起来是怎样的卑微，你都应当付之以艺术家的精神，应当有满腔的热忱和强烈的责任感。在任何情形下，都不要对自己的工作表示厌恶，更不要放弃你的工作责任心。如果你为环境所迫而做一些乏味的工作，那你也应当设法从这些乏味的工作中找出乐趣，付出你的努力，表现你的责任心。要懂得，从应当做而又必须做的事情中，总能找出乐趣。这是我们对工作应抱的态度。有了这种态度，无论我们处在什么样的位置上，无论做什么工作，都能获得成功。因为在这个位置上，我们明白了我们是在为自己工作。

明白自己与位置的关系

在我们的职业生涯中，我们一定要明白自己与位置的关系。因为我们所在的位置并不是因你才诞生的，而你却是因为这个位置才实现了自我价值。

世界上最了解你的人就是你自己，那么最清楚你的价值的人也只有你自己。最可怕的莫过于连自己都没有意识到这一点!

裴多菲说："人应当像人，不要成为傀儡，尽受反复无常的命运的支配。"

我们每个人心中都有梦，有的人希望能拥有高品质的人生，有的人则希望能改造这个社会。然而因为生活中的诸多挫折和日常琐碎之事，许多人的梦就此缩水，甚至再也提不起劲去实现。各位可知道，当没有了做梦的念头，也就注定了永远不会成为赢家。

人活一世，会遇到许许多多的事情，有时候你做什么事都一帆风顺，有时候做一点小事都历尽坎坷。关键是，当你吉星高照时，你是怎样地表现；当你福祸难卜时，你是怎样的态度。无论是顺境也好，逆境也罢，你都应该保持一种良好的心态，学会珍爱自己，相信自己。

相信自己是一种信念，也是对自己的一种肯定，这将使他人尊重并信任你。如果你自己都不信任自己，又怎么能指望别人来信任你呢？信心也不是凭空产生的，它是从经验中获得，并随着你取得的成功经验而不断增加的。

每天以自信的态度开始，在做每一件事情前，告诉自己这一次会成功。同时，也不要好高骛远，为自己制定许多不切实际的大目标，这只能为自己徒增压力。这样，信心才会随着你每一次目标的实现而增长。而随着信心的增长和更高目标的设置，你会发现自信意味着什么。

一个生长在孤儿院中的男孩，常常悲观地问院长："像我这样没有人要的孩子，活着究竟有什么意思呢？"

院长总是笑眯眯地对他说："孩子，你想得不对，谁说没有人要你呢？"

有一天，院长亲手交给男孩一个旧瓷瓶，说道："明天早上，你拿着这个旧瓷瓶到市场去卖，但不是真卖。记住，无论别人出多少钱，绝对不能卖。"

男孩迷惑不解地接下了这个旧瓷瓶。

第二天，他忐忑不安地蹲在市场的一个角落里叫卖旧瓷瓶。出人意料地，竟然有许多人要向他买那个旧瓷瓶，而且一个比一个价钱出得高。男孩记着院长的话，没有卖掉。回到孤儿院，他兴奋地向院长报告。院长要他明天拿着这个旧瓷瓶到黄金市场去叫卖。在黄金市场，竟然有人出比昨天高十倍的价钱要买那个旧瓷瓶，男孩拒绝了。

最后，院长叫男孩子把那个普通的旧瓷瓶拿到珠宝市场上去展示。结果，旧瓷瓶的身价比昨天又涨了十倍。更由于男孩怎么都不卖，这个旧瓷瓶被人传扬成“稀世珍宝”。参观者纷至沓来。

男孩兴冲冲地捧着旧瓷瓶回到孤儿院，他眉开眼笑地将发生的一切禀报给院长。院长亲切地望着男孩，徐徐地说道：“生命的价值就像这个旧瓷瓶一样，在不同的位置上就会有不同的意义。一个很不起眼的旧瓷瓶，由于它的位置在不断地改变，它的价值也就得到了不同的提升，甚至被人们说成稀世珍宝。你不就像这个旧瓷瓶一样吗？只要你找到了适合的位置，只要看重自己，珍惜自己，生命就会有意义，有价值。”

到现在为止，你明白自己与位置之间的关系了吗？你所在的位置并不是因你才“诞生”的，而你却是因为这个位置才实现了自我的价值。

潜能激发：认识自己所处位置的价值

我们知道任何一场篮球赛都有一定的人数，而这些人在比赛过程中，是无法让其他人替代的。只有在违规的情况下，才可以被其他人所取代。

对于任何一个球员来说，无论你能在这个位置上发挥多大作用，也不管你所在的位置多么重要，你一定要使你自己成为别人无法替代的。只要你人在这个位置上，就不要羡慕别人，就要承担起你眼前的责任，因为你拥有的并不比别人差。

从前有位名叫阿里·哈法德的波斯人，住在距离印度河不远的地方，他家拥有大片的兰花花园、稻谷良田和繁盛的园林。他是一位知足而十分富有的人。有一天，一位年老的佛教僧侣前来拜访这位老农夫，他坐在阿里·哈法德的火炉边，向这位老农夫讲述钻石是如何形成的。最后，这位僧侣说："如果一个人拥有满满一车的钻石，他就可以买下整个国家的土地。要是他拥有一座钻石矿场，他就可以利用这笔巨额财富的影响力，把孩子送至王位。"

那天晚上上床后，阿里·哈法德变成了一个穷人——不是因为他失去了一切，而是因为他开始变得不满足。他想："我要一座钻石矿。"因此，他整夜难以入眠，第二天一大早就跑去询问那位僧侣在什么地方可以找到钻石。

“只要你能在高山之间找到一条河流，而这条河流是流淌在白沙之上的，那么，你就可以在白沙中找到钻石。”僧侣说。

于是他卖掉了农场，将利息收回，把家交给了一位邻居照看，然后便出发去寻找钻石了。

在人们看来，他最初寻找的方向是十分正确的，他先是前往月亮山区寻找，然后来到巴勒斯坦地区，接着又流浪到了欧洲，最后他身上带的钱全部花光了，衣服又脏又破。

在旅途的最后一站，这位历经沧桑、痛苦万分的可怜人站在西班牙巴塞罗那海湾的岸边，怀揣着那位僧侣所激起的得到庞大财富的诱惑，将自己投入了迎面而来的巨浪中，从此永沉海底。

几十年后的一天，当阿里·哈法德的继承人（继承并居住在阿里·哈法德的庄园）牵着他的骆驼到花园里去饮水时，他突然发现，在那浅浅的溪底白沙中闪烁着一道奇异的光芒，他伸手下去，摸起了一块黑石头，石头上有一处闪亮的地方，发出彩虹般的美丽色彩。他把这块怪异的石头拿进屋里，放在壁炉的架子上，然后继续去忙他的工作，把这件事给完全忘掉了。

几天后，那位曾经告诉阿里·哈法德钻石是如何形成的僧侣，前来拜访阿里·哈法德的继承人。当看到架子上的石头所发出的光芒时，他立即奔上前去，惊奇地叫道：“这是一颗钻石！这是一颗钻石！阿里·哈法德已经回来了吗？”

“没有，还没有，阿里·哈法德还没回来。那石头是在我家的后花园里发现的。”

“我只要看一眼，就知道它是不是钻石，”这位僧侣说，“这确实是一颗钻石！”

然后，他们一起奔向后花园，用手捧起河底的白沙，发现了许多比第一颗更漂亮更有价值的钻石。

这就是印度戈尔康达钻石矿被发现的经过。戈尔康达(Golconda)钻石矿是人类历史上最大的钻石矿，其价值远远超过南非的金百利(Kimberley)。英国国王皇冠上的库伊努尔大钻石(Kohinoor，106克拉)，以及镶在俄国国王王冠上的那颗世界上最大的钻石，都来自那处钻石矿。

这也是美国演说家鲁塞·康维尔的著名演讲《钻石就在你家后院》的开篇故事。50年内，鲁塞·康维尔走遍了美国各州，在全美大小城市亲自讲演《钻石就在你家后院》达6000余次，他的演讲曾激励过两代美国人在自己的工作岗位上勤奋耕耘。

1888年，鲁塞·康维尔陆续用演讲所得的400万美元演讲费（相当于现在的1.45亿美元），建成了美国著名的Temple大学。

一个多世纪后，当我们再次“聆听”戈尔康达钻石矿的发现经过，在抛弃其纯粹的偶然性和传奇色彩后，我们仍然会被故事背后的深刻寓意所震撼。

你是不是也经常希望别人的草地就是自己的，却很少去整治自家的草地？你仔细看过自己脚下的土地了吗？你注意自己手头的工作了吗？认真分析过手头工作可能给自己带来的巨大财富和机遇了吗？还是每天都在羡慕朋友的工作，或是感叹成功者的机遇之可遇不可求？

“如果一个年轻人在他的工作和生活中不能发现任何机会，而他认为自己可以在其他地方做得更好，那么他会感到非常的灰心失望。”这是著名成功学家奥格森·马登给年轻人的忠告。

年轻人常常有几分傲气，如果再有较好的学历，比人高一等的本领，傲气当然就更盛了。他们对工作的理想太高，往往高不成低不就。基于这种心理，这些表面上看起来优秀的青年人，往往会对已有的工作感到不满，稍遇挫折或被老板或主管说了几句，就兴起“拂袖而去”的念头。

大部分年轻人不能清晰地意识到，自己手头的枯燥的事情就是一座丰富的钻石矿，只要好好挖掘——全力以赴、尽职尽责地做好目前所做的工作，就能找到属于自己的“钻石”——包括常识的积累和心智的成熟。相反，许多人心态浮躁，他们总想：“做这份工作，有什么希望可言？”“混呗，做这种工作能有什么出头之日？！”对工作心灰意冷的人，不可能踏踏实实地做好本职工作。他们坚信世界上有很多挣钱或者成功的机会，于是他们焦急地等待，等待另外的时间，另外的地点，另外的行业，另外的工作职位，但绝不是现在，绝不是手头上这个日久生厌的工作；他们知道如何在将来提高自己，但却不珍惜眼前的机会。他们像故事中的阿里·哈法德一样，在漠视自己的工作中抛弃了本应属于自己的宝藏。

还有一些人，他们有一定的才华，但并没有把才华用在手头的工作中，而是将宝贵的青春时间用在评论已经挖到“钻石”的人上。看到别人事业有成，挖到了“钻石”，他们撇撇嘴，一副不屑一顾的样子：“那算什么，有他那机会，很难说我不会比他更成功。”这些人的可悲之处在于，他们在设想“如果……”的过程中，浪费了青春，磨灭了激情，耗尽了才华。等他们想起要收拾自己荒芜的庭院时，草已深不可除，要想从头再来，也许要付出比别人多几十倍的努力。只是，条件容许他们从头再来吗？而且，他很有可能因为玩忽职守早就被老板解聘，再也没有机会找到本应属于自己的“钻石”了。

其实，即使在极其平凡的生活阶段中，也往往藏着极大的机会。只要把自己着手的事情做得比别人更专注、更迅速、更正确、更完美；只要调动自己全部的智力，从旧事中找出新方法来，便能引起别人的注意，从而使自己有发挥本领的机会。无论做什么工作，只要沉下心来，脚踏实地地去做，就能得到收获。一个人把时间花在什么地方，就会在那里看到成绩，只要你的努力是持之以恒的。

看看自己所处的位置吧！其实在我们所处的位置上，每一份工作都是一座丰富的钻石矿。我们在展望未来的时候，不要浮躁，务必要认识到自己正在拥有的一切。至少在任何工作转换之前，都要努力使自己专注于手中的具体工作，哪怕是看似平凡的琐碎学习或者生活细节。

让自己不可替代

当我们站在一处高岗上俯瞰脚下的树林时，我们很难看到单独的一棵树，因为在我们眼前有太多的树了。同样的道理，在这样一个竞争日益激烈的环境下，一个人要想成就一番事业，就必须让自己具备脱颖而出的能力，因为当我们与别人处于同一高度时，其实也就可有可无了。

《财富》杂志曾做过一项关于工作的调查：在失业的美国人中，令多数人感到沮丧和惆怅的不是自己失去了某个工作，而是那种因失业而产生的自己毫无用处的感觉。

在美国，社会福利和失业保障制度是全球最完善的，因此失业者根本不必为自己的生活保障问题担心，从政府那里领到的钱也许比工作的人还要多。但令他们感到痛苦和沮丧的是，他们觉得自己成了一个毫无用处的人，没有了让自己足以觉得自豪的成就感，这使他们很失落。

蚂蚁向来被称为是动物界最勤奋的代表，它们一天到晚总是在忙碌着，很少有停下来的时候。可是在蚁群中，所有的蚂蚁都这么勤劳吗？不是的，有一个科学研究发现，勤奋的蚂蚁群里还隐藏着许多什么都不干的懒蚂蚁。它们整天东张西望，并不像大多数蚂蚁一样辛苦地搬运食物，反倒是那些辛勤的蚂蚁弄来食物让它们白白享用。为什么勤劳的蚂蚁心甘情愿养活这些什么都不干的懒蚂蚁呢？

为了解开这个谜团，日本北海道大学农学研究生院的进化生物研究小组开展了一项研究，他们对三个分别由30只蚂蚁组成的日本黑蚁群的活动进行了观察。生物学家在这些“懒蚂蚁”身上做了标记，并且断绝了蚂蚁的食物来源。他们发现，无论蚂蚁多少，一群蚂蚁中总有10%~20%是不干活的懒蚂蚁。当别的蚂蚁都在辛勤地搬运食物时，这些懒蚂蚁却什么都不做，只是在一边东张西望。后来，当生物学家把这些懒蚂蚁拿走时，奇怪的事情出现了：刚才那些勤劳工作的蚂蚁都一下子慌乱起来，它们立刻停止了工作，乱作一团。后来，生物学家又将这些懒蚂蚁放回去时，整个蚁群才恢复正常的秩序。

同时，当食物来源减少或者蚂蚁窝遭到毁坏时，勤蚂蚁顿时一筹莫展，而“懒蚂蚁”则“挺身而出”，带领蚂蚁群来到它早已侦察好的新的食物来源地和新的居住场所。蚂蚁的生存得以继续，勤蚂蚁又开始了辛勤的劳作。

从这个实验我们可以看出，在一群蚂蚁中，哪种蚂蚁的地位更重要？很显然是懒蚂蚁。它们无所事事，但是它们却有领导其他蚂蚁的本领，在危难时刻能带领其他蚂蚁摆脱困境，这种地位显然无比重要。

其实，不仅是蚂蚁群里如此，在一个企业里，这个道理同样适用。我们都知道，几乎每个企业都有一些“懒人”存在，但是他们却有着相当高的地位和薪水，为什么？因为这些人大多是研究市场走向的人，他们研究市场，带领企业开辟产品的销路，是整个企业命运的所在。这些员工平时比其他员工都要悠闲得多，他们不需要整天伏案工作，只要注意一下市场动态，并且动一下脑筋就完全可以了，但他们却能为企业带来利润，自然他们也就不可或缺了。

巴尔塔莎·葛拉西安在《智慧书》中写道："在生活和工作中要不断完善自己，使自己变得不可替代。要让别人知道离开你便无法正常运转。这样你的地位自然就会大大地提高。"事实确实就是如此，只有让自己变得不可或缺，才不会被他人所替代。

潜能激发：长期保持自己的位置

我们只有忠实地对待自己的工作，满怀着忠诚的责任心来对待老板，使自己所在的位置发挥其应有的作用，才能与自己的位置保持一种长期性的关系——巩固自己的位置。

毕竟在老板的眼中永远都没有空缺的位置，所以，如果你不想与自己的位置保持一种短暂的“约会”关系，而是保持一种长期性的关系，你就要在其位谋其事。所有的成功者，他们与我们都做着同样简单的小事，唯一的区别就是，他们从不认为他们所做的事是简单的事。

每个人所做的工作，都是由一件件小事构成的，但不能因此而对工作中的小事敷衍应付或轻视懈怠。记住，工作中无小事。

以西点军校为例，其学校的教育蕴涵着一个非常重要的道理：战场上无小事。很多时候，一件看起来微不足道的小事，或者是一个毫不起眼的变化，却能改变一场战争的胜负。战场上无小事，这就要求每一位军官和士兵始终保持高度的注意力和责任心，始终具有清醒的头脑和敏锐的判断力，能够对战场上出现的每一个变化、每一件小事迅速做出准确的反映和判断。“战场上无小事”也同样适用于每个人，因为，在学习生活中也没有小事。

希尔顿饭店的创始人、世界旅馆业之王康拉德就是一个注重“小事”的人。康拉德要求他的员工：“大家记住，万万不可把我们心里的愁云摆在脸上！无论饭店本身遭到何等的困难，希尔顿服务员脸上的微笑永远是顾客的阳光。”正是这小小的永远的微笑，让希尔顿饭店的身影遍布世界各地。

其实，每个人所做的工作，都是由一件件小事构成的。日复一日重复的工作，你是否感到厌倦、毫无意义而提不起精神？你是否因此而敷衍应付，心里有了懈怠？这不能成为你的借口。请记住：这就是你的事业！而生活中同样无小事。要想把每一件事做到完美，就必须付出你的热情和努力。

美国标准石油公司曾经有一位小职员叫阿基勃特。他在出差住旅馆的时候，总在自己签名的下方，写上“每桶4美元的标准石油”字样，在书信及收据上也不例外，签了名，就一定写上那几个字。他因此被同事叫做“每桶4美元”，而他的真名倒没有人叫了。

公司董事长洛克菲勒知道这件事后说：“竟有职员如此努力宣扬公司的声誉，我要见见他。”于是邀请阿基勃特共进晚餐。

后来，洛克菲勒卸任，阿基勃特成了第二任董事长。

在签名的时候署上“每桶4美元的标准石油”，这算不算小事？严格说来，这件小事还不在阿基勃特的工作范围之内。但阿基勃特做了，并坚持将这件小事做到了极致。那些嘲笑他的人中，肯定有不少人的才华、能力在他之上，可是最后，只有他成了董事长。

还有一些人因为事小而不愿去做，或抱有一种轻视的态度。有这么一个故事，据说，在开学第一天，苏格拉底对他的学生们说：“今天咱们只做一件事，每个人尽量把胳膊往前甩。”说着，他做了一遍示范。

“从今天开始，每天做300下，大家能做到吗？”学生们都笑了，这么简单的事，谁做不到？可是一年之后，苏格拉底再问的时候，全班只有一个学生坚持了下来。这个人就是后来的大哲学家柏拉图。

“这么简单的事，谁做不到？”这正是许多人的心态。但是，请看看吧，所有的成功者，他们与我们都做着同样的小事，唯一的区别就是，他们从不认为他们所做的事是简单的小事。

成功不是偶然的，有些看起来似偶然的成功，实际上我们看到的只是表象。正是对一些小事情的处理方式，已经昭示了成功的必然。无论是“每桶4美元的标准石油”还是“把胳膊往前甩”，它们都要求人们必须具备一种锲而不舍的精神，一种坚持到底的信念，一种脚踏实地的务实态度，一种自动自发的责任心。小事如此，大事亦然。

从这个角度来说，只有你在自己的位置上做了自己应该做的事，说明你对自己所从事的工作有信心和热情。只要你认准了目标，有一份自己认同的工作，那么就要认真勤奋地好好干。在好好干的过程中，你会熟悉技艺，并锻炼出稳健耐心的性格。同时，你那踏实的作风，也会赢得同事们的认同，老板的欣赏，反过来这些又会促进你的工作。

任何技巧和经验的摸索都源于扎实的工作，只有亲身体验，才能逐渐完善改进，而在其位谋其事便是踏实的表现。

最大化位置的效能

公司里的每个位置都对企业的生命力起着至关重要的作用。任何一名员工如果在其位不谋其事，其所在位置的运作就会出现问题。当任何一个位置的价值得不到体现时，都会直接削弱企业的生命力。

从公司这个角度来看，由于来自市场的压力，它必须要迅速推出自己的产品、服务，并提供新的技能，缺乏这种速度和变化，企业就难以生存。

如果我们把公司看作一个构建很好的整体，其中的每一个位置都是整体的构成元素，任何一个元素的运作出现问题，都会殃及整个组织。

由此可见，老板喜欢那些在自己所处的位置上做出成绩的人，喜欢具有实干精神、敬业精神的员工是合情合理的。因为老板希望任何一个位置的效能都达到最大化——而要达到这种功效，就要立即行动。

但是，年轻人最容易染上的可怕习惯，就是遇事明明已经计划好、考虑过，甚至已经做出决定了，却仍然畏首畏尾、瞻前顾后、不敢采取行动。对自己越来越没有信心，不敢决断，终于陷入失败的境地。很多人喜欢订计划，在周密、工整的计划中获得部分满足。但是，如果不能将计划变为行动，在若干年后看到这张纸只会感到深深的失落，尤其是，当同时起步的朋友已经实现了梦想的时候。

成功者都能理解这句格言："拖延等于死亡。"

"整个事情成功的秘诀在于，"阿莫斯·劳伦斯说，"形成立即行动的好习惯，才会站在时代潮流的前列，而另一些人的习惯是一直拖延，直到时代超越了他们，结果就被甩到后面去了。"

成千上万的人都拥有雄心壮志，为什么很多人没有如愿以偿，甚至在温饱线上挣扎？其中大多数人一直在拖延行动。他们并不是不想行动，只是想过一段时间再开始，这样一晃就是一生。经常听人说："我知道今天该做这件事，但是今天我情绪不好、状态不好、条件不好、这样去干不好，这件事肯定做不好，还是以后再说吧。"于是他开始拖延。他把该做的事放在一边，去做那些比较容易、比较有趣的事。这件事也许比较乏味、比较难，但是，一件事值不值得做，不在于它能带来多少乐趣，而在于它对人格发展、自我完善的作用。

其实他只需要强迫自己做一次，就能找到行动的感觉了。一件看起来很难的事情，有时候只需要几分钟就可以开个头，就能让他进入行动的状态、踏上成功之路的第一步，但是他拖延了一辈子也没付出这几分钟。

对他来说，行动为什么这么难？因为行动就意味着要承担一系列的责任，他下意识地惧怕承担责任。

不要害怕承担责任，要立下决心，你一定可以承担任何正常职业生涯中的责任，你一定可以比前人完成得更出色。世界上最愚蠢的事情就是推卸眼前的责任、等待“时机成熟”。在需要承担重大责任的时候，应该马上承担它，此时此刻就是成熟的时机。如果不习惯这样做，即使将来的条件比现在更好，我们也不敢肯定时机是否成熟。这样，就什么事也做不了。

潜能激发：巩固自己的位置

罗斯金说："来到这个世界上，做任何事都要全力以赴。"

即使是最卑微的职业，也能从中体验到快乐与满足。有一些非常擅长做家务的主妇，不管她们是蒸面包，铺床铺，还是擦洗家具，都是一副乐在其中的专注神态。她们以积极的心态做这些事，并从中享受到乐趣。看着她们以轻松愉悦的心情做事，看着她们那发自内心的满足，真是一种享受。她们使家庭的氛围变得温馨、舒适，使人的心灵得到慰藉，使生命更为美好。还有一些家庭主妇，她们把家务活当成天下最乏味的事。只要稍有可能，她们就会拖延或干脆省掉那些家庭劳动，即使是被迫做了一些，结果也不能令人满意，甚至一片狼藉，整个房间乱成一团，毫无舒适感。在这样的家庭里，心灵怎么会得到满足呢？你只会觉得一切都是乱七八糟。换句话说，她是以三心二意的手艺人的心态在做事，而不像前面提到的家庭主妇，完全以艺术的心态在做家务。

即使是修鞋这么低微的工作，也有人把它当作艺术来做，全身心地投入进去。不管是打一个补丁还是换一个鞋底，他们都会一针一线地精心缝补。另外一些人则截然相反，随便打一个补丁，根本不管它的外观，好像自己只是在谋生，根本没有热情来关心工作的质量。前一种人热爱这项工作，不是总想着从修鞋中赚多少钱，而是希望自己手艺更精，成为当地最好的修鞋匠。

造船厂有一种力量强大的机器，能够把一些破烂的钢铁毫不费力地轧成坚固的钢板。善于行动的人就像这种机器一样，异常坚定，只要决心去做，任何复杂困难的问题都无法阻止他们。

一个目标明确、胸有成竹、充满自信的人，绝不会把自己的计划拿出来与别人反复讨论，除非他遇到了比他见识高得多、比他能力强得多的人。他有主见，迫切需要行动。不会在徘徊观望中浪费时间，也不会在挫折面前气馁。只要做出了行动的决定，就勇往直前。

实干精神能够让一个年轻人实现自己的愿望，从芸芸众生中脱颖而出。

所以说，从员工这个角度来看，只有忠实地对待自己的工作，满怀着忠诚的责任心来对待老板，使自己所在的位置发挥其应有的作用，才能与自己的位置保持一种长期性的关系——巩固自己的位置。

第七章
不断提升自己

人生相当程度上犹如逆流而上的船只。只有不停地划桨，只有奋力地向前，才不会有被冲到万丈深渊的危险。因此，我们必须不断地提升自己，连同对自己的定位。

提升自己的位置

如果你想提升自己的位置，你就要永远保持主动率先的精神，不等老板交代，便去主动做自己应该做的事。

一家机械公司老板的体会是这样的。

他说：“我们这一行最迫切需要的，就是想办法增加‘能想又能做的人’。我们的生产与行销体系中，没有一件事是不能改进的，也就是说都可以做得更好。我可没有说目前大家做得不好，我们确实很努力。然而像所有进步的大公司一样，我们也很需要新产品、新市场以及新的办事程序，这要靠积极主动又能干的人来推动，这些人都是责任最大的人。”

主动本身就是一种特殊的行动，一种美德。那些积极主动去做好本职工作的人，不管在哪一行都很吃香，他们的位置自然得到了巩固和提升。

主动去做你应该做的事，随时准备展现你超过老板要求的工作表现。换言之，如果你对自己的期望比老板对你的期望还高，那么你就无须担心自己的位置不保，无须担心自己会被老板解雇。

如果你想与自己的位置保持长期性的关系，你就要永远保持主动率先的精神，不等老板交代，便主动做你应该做的事，纵使面对缺乏挑战或毫无乐趣的工作，都要勇往直前。这样你将会获得老板的奖赏。当你养成这种主动、自发的习惯时，你所在的位置便会更加稳固了。

不必老板交代，主动去做自己应该做的事，同时为自己的所作所为承担责任。那些位高权重的人，都是因为他们以其主动性的行为，证明了自己勇于承担责任，而赢得他人信赖的。

成就大业之人和凡事得过且过的人，他们之间根本性的区别在于：前者总是主动、自发地去行动，并懂得为自己的行为承担责任；而后者与之恰好相反，他们不仅不会主动、自发地去做自己应该做的事，即使是在老板交代了之后，他们都不会立即去做。

这些没有主动性的人，他们之所以不会自发地去做自己应该做的事，一般有两种原因：一种是自以为“聪明”，总是趁老板不在时赶紧“忙里偷闲”；另一种是不知道应该用什么方法可以有效地去完成自己的本职工作。

在工作中缺乏主动性的人，其一生中的大部分时间往往都是处于失业状态。于是，他们很容易遭到他人的轻视，除非他有一个非常显赫的家庭。就算是如此，上帝也会在街道拐角处拿着大棍在耐心地等待他！主动性、自发性的基本构成要素是进取心。

进取心是一种极为珍贵的美德。它促使一个人去做他应该做的事，而不是接到老板的吩咐后，处于被动性的状态时，才迫不得已去做。

在进取心的驱使下，具有强烈进取心的员工，总是积极主动地去做好本职工作，而不是在接到老板的吩咐后，才被动地去做。因此他工作时，不会有压迫感，而是享受到工作给他带来的生活乐趣，有一种非常愉悦的感觉。此时，他所从事的工作，已经不再是原来意义上的那种工作了，而是成了一种非常有趣的游戏。

“等我有空的时候再说吧。”这是没有进取心的人常挂在嘴边的口头禅。到底有没有所谓的“空”的时间呢？

其实这句话的实质是在推脱。对于任何一个人来说，他的每一分钟都是“一寸光阴一寸金”。如果一名员工在工作时，说出类似这句话的任何一种说辞，都意味着：他不是主动、自发地去完成自己的本职工作，而是在老板交代了之后还不会立即行动去完成老板分配的任务。这种类型的员工，能否巩固自己的位置可想而知。

我们退一步来看，那些有“等我有空的时候再说吧”这一习惯的员工，等到他真的“有空”的时候，更确切地说是不能再拖的时候，他或许会证明这件事“不应该去做”，没有能力去做或者已经来不及了，其中最好的那种是硬着头皮去做。此时他工作起来会有一种压迫感，倍感工作的艰辛，而且极其烦闷。

要想成为有进取心的人，你首先必须克服拖延时间的恶习，养成一种主动性、自愿性的好习惯来对付这一坏习惯，把它从你的个性中剔除，扔到垃圾箱里。

你知道吗？那种把你本应该在昨天、上个月、甚至去年、几年前就应该完成的事拖到明天去做的坏习惯，正在腐蚀着你意志中最不可或缺的部分——主动性，你应该马上割掉这个毒瘤，把它从你的意志中根除。否则，你将被它完全腐化，那么你终将一事无成。

拖拉应付、敷衍了事的毛病，可以使一个百万富翁很快倾家荡产。相反，每一位成功人士以及那些得到老板赏识的员工，都是那些主动、自发、认认真真、兢兢业业地做好本职工作的人。

这是一个人人都已非常熟悉的事实：老板喜欢具有主动率先精神的员工，欣赏有进取心的职员。

不必老板交代，主动地去完成自己应该做的事，一定会让你获得不错的声誉。这一无形资产对你来说是一笔巨大的财富，对你巩固自己的位置会起到关键性的作用。因为当你的老板把你和那些没能提供此种主动性服务的人相比较的话，你们之间的差别是十分明显的，你自然是处于优势状态。那么，巩固你所在的位置便是水到渠成了。

现在你可以通过下面这一事例，自我检测一下，自己是否能做到这件事，即老板不必提前交代。假如你的老板因公务繁忙，没有时间外出就餐，他对你说："麻烦你到超市帮我买份汉堡。"

显然，由于时间紧迫，他是想凑合着解决一下午餐。当你遵从老板的吩咐到超市去买汉堡时，你是否想到了除此之外，还应当买瓶饮料回来？

潜能激发：学会自律

任何人在过马路时，都会遇到这样的情形：在亮着红灯的路口，本来要过马路的你忽然发现，道路上此时并无车辆通过，而交通警察也不在眼前。这时，你是否还会老老实实地待绿灯亮了再过马路？

或许你会认为，既然路上没有车，那交通安全就不会有问题，提前一步过马路就可以节省时间，有何不可？等绿灯亮了再过马路，实在没必要。

也有人认为，碰上这种情况，身边的人都过去了，我一个人留在原地不动岂不是很傻？这时候还摆什么高素质，随大流走才是正确选择，免得被人笑话。

还有一部分人认为，红灯停，绿灯行，有车没车一个样，这是一种需要自觉坚持的文明习惯。不仅是过马路，很多时候，比如工作中，都离不开自觉坚持，自我督促。所以，是否等到绿灯亮起再过马路，不仅仅是个行走的问题，它反映了一个人文明素质的高低。没车就闯红灯，这是素质不高的表现。简单说，就是在红灯面前，老老实实等着没有错。

越是车少，往往车速越快。此时你闯红灯想快一点，一旦碰上紧急情况就会猝不及防、闯出大祸。

违规者是不懂得交通法规，还是不爱惜自己的生命？恐怕都不是。对更多人而言，无非一是恶习难改，规范的行为方式让他们似乎很难做到；二是从众心理，别人能过我也能过。正是如此，在我们身边，闯红灯成了久治不愈的交通痼疾。

虽然上面我们讨论的是过马路的问题，可如果立足于如前所述的基点上，接下来所谈的就不只是关于行走的话题了。

在有无外在约束和监督的条件下，人们的表现往往会大不相同。比如有些员工在老板的监督下工作十分努力，表现很好，一旦老板不在公司，就偷懒耍滑，采取一种应付态度，能少做就少做，能躲避就不做。

一种行为，一种规范，如果离开了外部的约束，也就是说在没有外在监督和约束的环境中，就可以随意改变把握的尺度，做出另外选择的话，那岂不意味着没有执法人员盯着就可以随地吐痰；没有人看见，就可以乱扔垃圾；司售人员不留神，就可以乘“免费”车；老师不注意就可以随便作弊；老板不在，就抓紧时间“忙里偷闲”……

有位公司老板招聘员工，其方式别出心裁：让面试者在市中心随意游览，自己静静观察。凡是闯红灯的人，即使硬件符合招聘要求，也让其出局。他说：“交通行为是一面镜子，这面镜子映照一个人的素质。通过这面镜子可以看出一个人素质的高低。小事不在乎，有无监督两个样，这种人不能用。”

接着这位老板又解释说：“认为闯红灯这种行为是‘不拘小节’的人，他们自以为这是精明，是灵活处事，其实大错而特错。因为不认真遵守规章制度的行为，往往会导致一个人形成对任何事都无所谓的不良心态。没有车辆，没有警察监督他敢闯红灯，那么同理，老板不在的时候，他就敢于闯工作中的‘红色警戒线’。这也是为什么我用过马路这件小事来测试员工，其目的就是以小见大，看他们是否具有自律、自制这种优秀的习惯。”过马路时闯红灯可能是件小事，可是有的人却因此与本来属于自己的位置有缘无分。

对于负面的事，有的人会假设：“即使我做得不够好，老板也可能看不见，就算看见了，也可能放一马”；而对于正面的事，他也会假设：“即使我做得好，老板也可能看不见，自己岂不是‘徒劳无获’，就算老板看见了，万一不给额外的奖赏，自己不是白干吗？”

在这个基础上，一个人不可能做到老板在和不在不一样干，而很有可能是老板在与不在都不好好干。如果你是老板，站在老板的立场上考虑，你会雇用这样的员工吗？

老板不是监工，也不会用眼睛盯着你，实际上也没有必要这样做。因为他可以通过你的工作业绩来判断你是否一直在努力工作。

显然，老板在与不在一样努力工作的员工和老板在与不在不一样干的员工，他们的工作绩效不可能相同。工作业绩优异的员工属于前者，会得到老板的赏识，自然就能够巩固自己的位置；工作业绩长期性差的员工属于后者，自然会淘汰出局。

过马路时，没车和没有警察监督就有人会闯红灯；老板不在，有的员工会“忙里偷闲”、迟到、旷工，在上班时间做与工作不相干的事。可见，外在的硬性约束不是最有效的行为规范。

最严格的行为标准是一个人的内在标准，这种标准是自己设定的，不具有外附性。它才是最有效的行为准则。如果你对自己的工作标准，比老板对你的要求还高，那么你当然能够做到老板在与不在一样干。

工作不能有情绪

在现实生活中，我们周围总是有这样一群人，每天早上起床后，便背着“情绪包袱”开始一天的工作、生活。在这些人的眼里，天空总是灰色的，太阳总是惨淡的。他们的心里堆满了垃圾，脸上阴云密布，嘴里不时地唠叨，抱怨着：

“今天一出门就塞车，真倒霉！”

“这鬼天气真热，简直能把人烤焦，还让不让人活了？”

“我买的这股票又被套牢了！”

这种类型的人有一个共同的特点：他们总是把周围环境中的美中不足的事情放在心上，被周围事情的指责和消极念头捆住了手脚，使他们很难体验到快乐。因为高兴的事他们总是抛到脑后，总想着过去没解决的问题和矛盾，把不顺心的事总是挂在嘴上，写在脸上。每天每时，他们都有很不开心的事。一讲话就是从前的灾祸，现在的艰难和未来的倒霉。

在这样一种精神状态下工作，不难想象，犯错误的概率肯定比心态平和时要高。工作中屡屡犯错，导致许多新的不顺又在后边等着他，以至于受到老板的批评，等等。

由于带着情绪工作，使他所抱怨的倒霉事情，连连实现了。于是，他又开始带着情绪去工作，开始新一轮的抱怨：沮丧——出错——倒霉。如此，便背着“情绪包袱”进入了一个恶性循环的怪圈。

到最后，连他自己也不明白：我的运气为什么总是这样差？我为什么总这样倒霉？那些能力不如我的人为什么干得比我还好呢？

其实，导致人们情绪不佳的事往往都是日常生活中经常发生的一些小事情：

听到别人在背后对你流言会产生坏情绪。

年纪愈来愈大会产生坏情绪。

失恋会产生坏情绪。

寂寞会产生坏情绪。

这些事每个人都会遇到，明智的人会对其一笑置之。因为他们清醒地认识到，“万事如意”虽是人们真诚的祝福，但那只是一个美好的祝愿而已。真正的工作、生活中不如意的事经常发生，我们不可能保证事事顺心，但能做到坦然面对，该放则放。

因为有些事是不可避免的，有些事是无力改变的，有些事是无法预料的。能补救的则可以尽力去补救，无法改变的就应坦然受之，调整好自己的心情去做应该做的事情。

生活中非理性的因素很多，那些不会驾驭自己情绪的人，往往会因为这些非理性的因素而使自己的情绪失控。于是这种类型的人时常带着情绪去工作，在抱怨、不满中消耗自己的生命。

不要把个人的情绪作为工作的主旋律：千万别把一些垃圾总堆在心里；把乌云布在脸上，牢骚总挂在嘴上。否则，你所抱怨的倒霉事会变成事实，导致一些不应该有的后果——你将发现职场中没有自己的容身之地。

阴暗的心情，会在心底播下不良的种子，只能给自己带来不良的后果，并且会反复地作用下去。比如带着情绪工作，往往会导致工作失误，工作失误会给公司带来利益损失，公司的利益受到损失同时意味着老板的利益受到损害，老板会因自己的利益受到损害而追究责任，最后结果只能是出现工作失误的员工受到批评，或记过处分，或被老板解雇。无论出现哪种情况，都会导致这名员工产生坏情绪，接着他又带着情绪去投入工作，新一轮的反复又开始了……

其实世界上没有什么事情是不可以改变的。美好、快乐的事情会改变；痛苦、烦恼的事情也会改变；你曾经认为不可以改变的事，过几年后，你就会发现，其实很多事情都改变了。

人就是这样，当你以一种豁达、乐观向上的心情工作时，眼前就会呈现出一片光明；反之，当你将思维囿于忧伤的樊笼里，眼前就变得暗淡无光了。长此下去，你不仅会将最起码的信念和拼搏的勇气泯灭，还会将身边那些最新最真的快乐失去。

对每个人来说，工作给你带来的欢乐是组成你生命之链上最真实可靠的一环。这种如同空气一样充塞在身边的欢乐才是最重要的。

所以，无论你遇到什么事情，都不要把情绪带到工作中去。尽量以明朗的心情去工作吧！以“过去已经成为过去，今后的情况一定会变好”的心态去全身心地投入到工作中。你会发现，一切确实很美好。

人类与动物的区别正是人能主动积极地创造、实现梦想，来提升自己的生命品质。所以，有效率的人士为自己的行为及一生所做的选择负责，自主选择应对外界环境的态度和方法；他们致力于实现有能力控制的事情；他们通过能力提升效率，从而扩展自身的关注范围和影响范围。

我们虽然不能控制客观环境，但我们可以选择对客观现实做何种反应。不把情绪当作工作的主旋律，其含义不仅仅是采取行动，还代表对自己负责的态度。个人行为取决于自身，而非外部环境，并且每个人都有能力也有责任创造有利的外在环境。

其实，一个人完全有能力使自己在工作中保持愉快的心情。只要你愿意，你会发现开心地工作是世界上最开心的事。

潜能激发：工作要有责任

“5·12”汶川大地震已经过去一段时间了，但带给人们心灵上的震撼仍未消失，这种震撼不仅来自自然带给人类的灾难，更多的是来自人类面临灾难时表现出来的那种心灵上的感动。

在一座大楼坍塌的废墟上，搜救人员看到这样一幕：一位年轻母亲的身底下紧紧抱着一个五六个月大的婴儿。这位年轻母亲已经没有呼吸了，搜救人员是顺着孩子微弱的哭声找到她们母子俩的。母亲的左手拿着一部手机，人们在上面看到这样一条信息——“孩子，如果你能活下去，别忘了，妈妈爱你……”

在楼层坍塌的瞬间，这位年轻的母亲把生的希望留给了自己的孩子，而把自己暴露在落下来的水泥石块之下。这就是责任，一位母亲爱护自己孩子的责任。在我们的生命中，任何人都不应该推卸那份属于自己的责任，它是维系我们人类繁衍生息的纽带。

一个三口之家在春天到来时走上了他们的幸福之旅，父母、孩子脸上喜气洋洋，本来一切都是幸福美好的。但他们不知道的正是这次的游玩让他们一步步地走近灾难。

为了更好地看风景，一家三口坐上了高空缆车，从高空看到了外面的景色，真是美不胜收，三人都非常高兴。但随之而来的是灭亡，缆车突然间从高空坠了下来。这时所有的人都意识到灾难来了，因为缆车太高了，人们都认为三人死定了。但最后营救人员却从坠下的缆车内带回了唯一的生存者，就是那个三口之家中的孩子，一个三岁大的孩子。

后来一位营救人员回忆说，在缆车坠下时，是他的父亲将他托起，是他母亲用自己的身躯阻挡了缆车坠下时的撞击，这一挡也将死亡挡在了自己身上而救了孩子。

听到这时所有的人都震撼了，这就是父母在生命最后一刻仍旧没有忘记自己的责任而带来的震撼，他们的责任是保护孩子。所以在最危难的瞬间，父母用自己的双肩托起了自己的孩子，为他夺得了一次重生的生命。

亲情的责任让人感动，友情的责任让人感到幸福，爱情的责任让人感到忠诚。我们不能推卸责任，因为推卸了责任，就等于伤害了我们的亲情、友情和爱情。我们每个人都是在别人对我们的付出中生活，我们也应担起责任，让别人能在我们的付出中更好地生活。每个人的一生，都是在这样的一种关系中度过的。社会需要责任，因为责任能够让社会平安、稳健地发展；企业需要责任，因为责任让企业更有凝聚力、战斗力和竞争力；家庭需要责任，因为责任能让一个家庭更和睦、更美满；我们也需要责任，它能使我们更加坚定，更加优秀。

老张是个退伍军人，退伍后经朋友介绍来到一家工厂做仓库保管员。虽然工作很平凡，也不繁重，但老张对待工作非常认真，他认为虽然岗位平凡，但是既然让他来管理，仓库里的大小事他都得负责，并且保证不能出差错。

他不仅每天按时关灯、关好门窗、注意防火防盗等，还将来往的工作人员的提货项目记录下来，将货物有条不紊地码放整齐，并从不间断地对仓库的各个角落进行打扫清理。

三年下来，仓库没有发生一起失火失盗案件，其他工作人员每次提货也都会在最短的时间内找到所提的货物，节省了很多找货的时间。就在工厂建厂20周年的庆功会上，厂长按老员工的级别亲自为老张颁发了奖金。这招来了许多老职工的不满。老张才来厂里三年，为什么能拿老员工的奖金？

于是厂长说道：“这三年中我没有检查过厂里的仓库，那是因为老张作为一名普通的仓库保管员，能够时时刻刻对自己的工作尽职尽责，不出半点差错，还积极配合其他部门人员的工作，我对他很放心。比起很多职工，老张的工作做得无可挑剔，他应该拿到这个奖励。”

马克斯·韦伯在其名著《新教伦理与资本主义精神》中写道：“职业思想引出了所有新教教派的核心教理：上帝应许的唯一生存方式，不是要人们以苦修的禁欲主义超越世俗道德，而是要完成个人所处地位赋予他的责任和义务。这就是人的天职。”

行动比什么都重要

在一本杂志上看到这样一则小故事：一个中国人第一次去美国的自助餐厅吃东西。开始的时候，他一个人坐在空桌上等人给他下菜单，可过了很长时间也没有人理会他。最后，一位端了一大盘食物的女士坐到他的对面，告诉他自助餐厅是怎样运作的。

“从那头开始，”女士说，“沿着这条路，拿你想吃的食物。在另外一头，服务员会告诉你应该付多少钱。”

这个中国人突然明白了在美国生活是怎么回事了。就像自助餐厅，只要你能付得起，就可以拿任何你想要的东西。但是如果坐在那儿等着别人将东西拿给你，那你永远都不会得到。你必须自己行动起来，去争取得到自己想要的东西。其实，不只是在美国要有这样的意识，在世界上的任何一个角落，在任何事情上面，要想得到自己想要的东西，只有行动起来。正所谓“心动不如行动”。只要有了成功的想法之后，就应该立即行动，然后才会有实现的可能，如果不付诸行动，一切都只能是空谈。

一家公司举办了一个营销培训会议，很多营销人员赶来参加。这确实是一次别开生面的会议，他们学到了很多东西。在会议将近结束的时候，营销总监走上讲台。

他没有多说什么，只是让大家站起来，看看周围有什么发现。所有人都觉得不能理解，但还是站了起来，一脸茫然地四处张望。突然，有人大声说自己在桌子下找到10元钱。不一会儿，不断有人说自己在椅子上、桌子下、地板上找到了钱。

就在众人都一头雾水的时候，营销总监笑笑说："其实我们这样安排，只是想让大家明白这样一个道理：只要你动了起来，就一定会有所收获。"

很多事情其实就是这样简单，行动比什么都重要。要想领略"一览众山小"的胸襟，只有爬上山顶；要想体验大海的波澜壮阔，只有驾船出海；要想让自己取得成功，只有行动起来。除此之外，别无他法。

一位年轻人向举世闻名的雄辩家询问："世界上最为高明的辩论技巧是什么？"

"最高明的雄辩之术有三点：第一是行动；第二还是行动；第三仍然是行动。"

任何华丽的辞藻都比不上立即行动更具有说服力。当事实就摆在我们眼前的时候，任何言语都将是浪费。

乔格尔家拥有着大量的土地。在乔格尔16岁的时候，他的父亲去世了，管理和经营家产的重担就落在了乔格尔的肩膀上。在18岁的时候，他开始按照自己的想法对家园进行了大规模有力的改造，结果取得了很大的成就。

那时的农业还处于极为落后的状况。广阔的田地还没有圈起来，农夫也不知道如何灌溉和开垦土地。农夫们工作虽然很辛苦，但是生活依旧十分贫困，他们连一头马都养不起。

在乔格尔的家乡，当时连一条像样的路也没有，更不用说有什么桥了。那些买卖牲口的商人要到南边去，只得和他们的牲口一起游过河。一条高耸入云的布满岩石的羊肠小道挂在海拔数百米高的山上，这就是通往这个村庄的主要通道。

农夫要进出村子都非常困难，更不用说和外界进行贸易了。乔格尔意识到：要想生活有所改变，就得先改变生活了多年的环境。他决心要为村子修建一条方便快捷的道路。当老者们知道了这个年轻人的想法后，都嘲笑他异想天开，不知道天高地厚。几乎没有人支持他，也没有人相信他能修出一条路来。

乔格尔没有因为别人的意见而放弃，他召集了大约2000名劳工，在一个夏日的清晨，他和劳工们一起出发了，他以自己的实际行动鼓舞着大家。经过了长达2年的艰苦劳动，以前一条仅仅只有6英里长的充满危险的小道变成了连马车都能顺利通行的大路。

村子里的人看着眼前的大路，不得不为自己的无知而羞愧，也被年轻人的毅力和能力而折服。乔格尔没有就此停止自己的行动，他后来又修建了更多的道路，还建起了厂房，修起了桥梁，把荒地圈起来加以改良、耕种。他还引进了改良耕种的技术，实行轮作制，鼓励开办实业。大家都很奇怪这个年轻人永远有着别人想不到的主意。

过了几年，在乔格尔的带领下，这个曾经一度很贫穷的小村庄变成了这一带有名的模范村。原本吃饭都成问题的农夫，成为拥有一定产业的“有钱人”。乔格尔也成为大家敬佩的带头人。他不甘于安逸享乐的生活，致力于开创性的事业，后来成为英国议会会员，在这个重要的岗位上发挥着自己的作用。

没有比脚更长的路，也没有比行动更坚韧的东西。只要我们行动起来，许多原本看似不可能完成的事情也会做到，这就是行动的魅力所在。

潜能激发：热爱才会做得更好

乔·吉拉德以连续12年平均每天销售6辆汽车的纪录荣登“世界吉斯尼纪录大全”，并被称为世界上最伟大的推销员。人们都无不惊叹他何以能取得这样突出的成就。

有一次，有个人问他是干什么的，吉拉德说自己是汽车推销员。

听到回答后，对方不屑一顾：“你是卖汽车的啊？”

乔·吉拉德听出了对方语气中的蔑视，于是大声说道：“是啊，我以自己是个推销员为荣，我爱我的工作。”

《致加西亚的信》中的主人公罗文说：当他一穿上军服，浑身上下顿时就会充满无穷的力量，就仿佛一匹随时奔向草原的烈马：四肢有力，目光锐利，头脑活跃。一旦接受了某项任务，他就会全心全意地去完成，任何困难都难不倒他。因为他热爱这份工作，这就是理由。

在完成把信送给加西亚这项任务之前，他已经完成了几项看起来根本不可能完成的任务，这也就是中情局局长阿瑟·瓦格纳上校之所以会如此肯定地对总统说：“如果有人能把信送给加西亚，那么这个人一定就是罗文。”

可以肯定的是，世界上任何成就的取得，都离不开热情这种具有魔法般功效的力量，而要使自己对某一件事情焕发出热情来，首先就必须对它有热爱之情。乔·吉拉德以自己是一个推销员为荣，罗文一穿上军装浑身就充满无穷的力量，也正是因此，他们才会取得别人望尘莫及的成就，完成别人认为根本不可能完成的任务。

我有一个朋友，记得他大学毕业刚来到北京时，可以说是身无分文，住的房子里面除了一张床、一个桌子之外，其他的什么东西也没有了，平时的一日三餐都无法保障。他找了一份销售的工作，刚开始的时候一个月只能拿到几百元的底薪，认识他的人都劝他还不如换一份技术类的工作，这样工资也相对会高一些，可他却说："我认为做销售更适合我，也更有前途，虽然现在生活是有些困难，可这只是暂时的，等我的销售技巧熟练了，我就一定可以拿高薪的。"

后来的事实证明了他的决定是正确的。一年之后，他每个月拿到的工资已经是他当初的5倍了，而且还升到了销售经理的位置，并且公司分给了他股份，他的前途可以说是一片光明。这个时候，他十分感慨地说："幸亏那时我没有换其他的工作，如果换了的话，我肯定不会取得今天这样的成绩。其实，当时我坚持做销售的最主要原因还是我喜欢这样的工作,热爱才能做得更好，也才能成功！"

"热爱才能做得更好"，事实上确实是这样的。我们常常听到好多人抱怨："工作真辛苦！真希望一辈子不用工作。"工作是我们赖以生存的手段，也是我们得以实现自我价值的载体，世界上任何一个人都必须通过工作来生活。工作诚然是辛苦的，世界上也没有任何工作是不用付出便能有所收获的。要想做出一番成就来，就必须付出。其实，只要你能从事自己喜欢的工作，把工作当成一种乐趣，那么，工作对你来说，就是一种快乐，这样你就不会感觉到辛苦。当你把工作当成一种乐趣，并且一辈子做它的时候,事实上你是在从事你的“兴趣”，而不是在工作。

从出生的那一刻起，世界呈现在他眼前的就是一片漆黑。为了生存，他便继承了父亲的职业——花匠。

听人说花是五颜六色、姹紫嫣红的，可他却看不到这些，他只是在有空的时候，用指尖去轻轻地触摸着花朵，然后把鼻子凑过去小心地嗅一嗅花香。他在自己的心底里勾勒出了花的娇态，并给不同香味的花添上了不同的色彩。

他比任何一个人都更爱花，每天都要给花浇水，隔一段时间还要拔草除虫。他手边总是准备着一把伞，下雨的时候就替花遮雨，太阳毒的时候就替花遮阳……他对花如此的呵护备至，使得很多人都觉得奇怪，仅仅是花而已，值得这么做吗？不过，他的花确实是全城里长得最好的。从这里经过的人，大老远就能闻到一股醉人的花香，于是人们也总会停下脚步来，欣赏一番满园的玫瑰、菊花、牡丹……五彩斑斓的花，每每让人流连忘返。

花匠也许是再普通不过的职业了，可盲人用自己的热爱和心血，让花长得分外娇艳。由此可见，无论是任何一个人，只有真心地热爱自己的事业，并为之付出自己全部的热忱，就一定能够做出让人艳羡的成绩来。

及时修正自己的定位

有一些人或许有这样的经历和感受：那就是他们对自己也有很高的定位，也知道自己应该往哪个方向努力，想要达到的目标是什么，可感觉就像打靶一样，子弹总是偏离靶心的位置。其实，出现这种情况是正常的。我们所处的环境时刻在发生着变化，我们对自己的定位也应该据此做出必要的修正，不然我们所有的努力都只能像脱靶的子弹，永远也不会打在成功的靶心上。

很多人应该都听说过摩洛·路易斯，而他的非凡成就的取得，就得益于他对自己定位的两次修正。

在九岁的时候，摩洛随着家人一起搬到了纽约。他的家人都爱好音乐、喜剧，在这种环境的熏陶下，他也成为一个小音乐天才，几乎能演奏所有的乐器。很多人都认定，他将来肯定会成为一名出色的交响乐团指挥。谁知十二岁的摩洛却开始学卖鸡蛋，且还做得有声有色，因为生意好，特意雇了很多人为他工作；十四岁的时候，他独立组织了一个舞蹈团；高中毕业，他又投身新闻界，担任一名采访记者，并与许多新闻界老前辈一起工作。后来他又到Veiw广告公司任职。

对于他在Veiw广告公司的情况，他后来回忆道：“记得，那时候我经常在外面跑，一天的工作非常忙碌，用别人的一句话说就是成天像疯了似的。我们是六点下班，下班后我还要到哥伦比亚大学上夜校，主修广告。有时候，由于工作尚未完成，下课后，我还要从学校赶回办公室继续工作。从十一点工作到第二天凌晨两点。”

二十岁时，摩洛放弃在广告公司内很有发展的工作，决心自己创业。这次创业是摩洛人生的第一次拼搏。他从事的是创意的开发。这是一个全新的事业，没有人知道结果会是什么样的。

摩洛的创意，主要是说服各大百货公司，通过一些电视节目或电视公司，成为纽约交响乐节目的共同赞助人。他本人认为此法可行。一方面当时的百货公司业绩不好，都希望能借助广告媒体提高形象与销售成绩；另一方面，交响乐在纽约的听众众多，有很大的发展潜力。

说服许多家独立的百货公司，分别采纳各公司的意见加以整合，这种事情过去从未有人完成过，更别说要他们拿出几百万美元的经费来。大部分人都认为他会失败。

摩洛并未因此消沉，反而更加积极地在各地进行说服工作。结果是任何人都没有想到的，他做得非常出色，并且得到了许多企业的认可。那些认可他的企业都觉得摩洛的创意很有价值。电视台对摩洛提出的策划方案也很接受。在接下来的时间里，他干劲十足地和电视台经理一同展开一连串的广告活动。摩洛为此得到了巨大的利益。

当我们在进行一项工作的过程中，或许开展得并不比别人差，甚至比其他人要好些，但它并没有带来我们想象中的那种成功感，此时就应该像摩洛在Veiw广告公司一样，重新审视现在从事的这份工作、审视这个行业与自我。我们不应该害怕修正，甚至改变现在的定位会让我们失去拥有的一些东西。请相信，我们只有扔掉一些，才能有更多的收获。在这个世界上，永恒不变的只有变化本身，我们也只有改变才可以有更进一步的成就，这正如美国著名的成功学大师拿破仑·希尔指出的那样："没有改变，就没有新的开始，也就不会有全新的生活，而新的生活是从给自己重新定位开始的。"

潜能激发：重新开始也并非坏事

如果把人生比作一艘在茫茫大海里行驶的船，可悲的并不是我们发现自己前进的方向错了，这样行驶不仅到达不了目的地，甚至可能有触礁的危险，而是即便察觉出了方向不对，还是固执地朝那个危险地带行驶，自欺欺人地认为，说不定那个地方是传说中的“蓬莱仙境”。犯这种错误的人不在少数，他们总是不愿意改变既有的航线，即使知道这样并不能到达自己想要到达的目的地。诚然，改变是一件很痛苦的事，不但需要我们有很大的魄力和勇气，还需要做很多琐碎的工作。可是我们必须明白这样一个道理：侥幸并不能帮助我们走向成功。其实，重新开始并非就是一件坏事，尤其是当自己的行为和目标相违背时，重新做出定位，找到一个正确的方向，这是必须的。

阿尔伯特·霍布代尔是曼彻斯特市格雷大街中学的校工。尽管薪水每周只有5英镑，但工作十分尽责，总是把校园收拾得干干净净，整整齐齐。因为他觉得：既然自己没有机会读书识字，那么多干点事，为孩子们提供好的学习环境也是不错的。

那一年，学校来了一个叫约翰逊的自命不凡的新校长。他上任不久，就宣布全体员工每天必须签到并注明时间。周五，他把考勤簿拿来查看，情况好极了！他满意地正准备把签得密密麻麻的簿子合上时，却发现一处空白，显得很不协调。他立即命人去把那个没有签到的人找来。

“听着，阿尔伯特，我已规定所有员工必须在考勤簿上签到，你知道吗？”

“知道，先生。”

“那么，你签了没有？”

“没有，先生。”

“我一旦订下制度，就意味着每个人必须照办，谁不照办，就得请便——你懂我的意思吗？”

“我懂，先生。”

“那你为什么不签？”

阿尔伯特涨红了脸，半晌不说话，最后只好以实相告：“我签不好，先生。”

“什么？签不好？天啊！下一句话，你该不会说你不识字吧？”

“确实不识字，先生。”

“太可怕了！简直令人难以置信：一个在教育机构工作的人竟不识字……够了！你知道我这儿不容许低效率，给你一周时间，另谋生路吧！”

“可是，先生，我在这儿已经干了20年，校园里处处整齐干净，从来没有谁挑出我的错儿，为什么要辞退我？再说作为校工……”

“噢，那倒不假。但是，无论如何，堂堂教育机构里，总不能容忍一个文盲员工存在，这是原则。你走吧！”

阿尔伯特走出学校时，天已黑了。他是单身汉。平时生活简单，早餐不用说了，就是中饭，也经常是面包加奶酪，只有晚上回家才“享受”一下，也不过是泡杯浓茶，加三块方糖，再来一条腌鲱鱼，一小听鲑鱼罐头，外带几片腊肉。而最少不了的，则是一盘炒香肠，它对阿尔伯特来说，不仅是一种佳肴，还有祛病镇疼的功效。因此，在今天这个20年来最倒霉的日子里，他提醒自己一定得买半磅香肠带回家。

猛地，他打了一个冷战——记起自己常去买香肠的那家小食品店店主威格丝太太前天死了，店门至今还关着，附近再没有卖香肠的店。

“真该死，为什么整个街区没有第二家香肠店呢？”阿尔伯特情绪坏到了极点，咒骂着。可就在这时，一个念头像闪电一样进入他的脑子：既然如此，何不自己开一家呢？这些年好歹攒了一些钱，何况现在又失了业……对！就把威格丝太太的店盘过来，作为谋生之路吧！

第二天，他就按照自己想的去做了，开了一家名叫霍布代尔的香肠店。随着“霍布代尔香肠”的名声越来越响，他的小吃店变成了大饭店，还开了两家分店。为了保证货源，他开始自己制作香肠，而不再依赖批发商。

5年之后，就连曼彻斯特市最繁华的大街上，也有了“霍布代尔香肠店”的分店，而且是产、供、销“一条龙”服务。再后来，他想到了开办一所制作香肠的学校。

这位实业家的想法得到了学区教委的大力支持，筹备工作进展顺利。双方商定：由学区委派正、副校长，而教师，则主要从高、中级职员和技术工人中选聘。

不久，副校长打来一个电话说：“霍布代尔香肠制作技术学校不久即可开学，特请董事长题写校名。”

阿尔伯特哑然失笑，回话说：“副校长先生，真对不起，还是请你们中间哪一位代劳吧，我写不好。”副校长有点不悦，说：“霍布代尔先生，不要推辞了，像您这样卓有成就的实业家，不是出自‘剑桥’‘牛津’，就是在国外深造过。生意再忙，写这样几个字还是抽得出时间的吧！”

阿尔伯特只好以实相告：“副校长先生，我真的写不好。说来也许您不相信：十多年前，我还是个老粗——既不会写、也不会讲，就连自己的名字，也是经商以后学会写的。”

副校长几乎不相信自己的耳朵，在电话那头沉默了好一阵。最后说：“霍布代尔先生，您真了不起！在没有受过正规教育的条件下，竟然做出了这样一番大事业。我想倘若您十年前就能读会写的话，那今天又该是怎样的人呢！”

阿尔伯特放声大笑，说：“那样的话，我将是格雷大街中学的校工——一周挣5英镑，先生！”

“啊——”电话里传来一声惊呼。原来，那位校长不是别人，正是当年把阿尔伯特赶出校门的约翰逊先生。